BEAUTÉ ET LE CERVEAU: LA BOUSSOLE ESTHÉTIQUE

Neuroesthétique : Où la Conscience et la Physique de l'Univers Se Rencontrent Comment Perception de la Beauté ?

| ISBN-13 | Poche | 978-1-969032-05-9 |
| | livre numérique | 978-1-969032-04-2 |

LA BOUSSOLE ESTHÉTIQUE

Ce que les galaxies, les tornades et les coquilles d'escargot ont en commun

Comment percevons-nous la beauté?

Neuroesthétique :
Là où la conscience et la physique
de l'univers se rencontrent

Édition 4.0 Septembre 2025

ROBERT W. THATCHER, PH.D.

REMERCIEMENTS

Un merci spécial à Eric Schwartz pour ses idées pénétrantes dans les cartographies sensorielles et corticales et la proportion d'or. Un merci également spécial à E. Roy John qui a soutenu Eric Schwartz et mes explorations abstraites du cerveau pendant que nous étions professeur membres du département de psychiatrie de la NYU School de médecine où bon nombre des idées exprimées dans ce livre germé. Enfin et surtout, je tiens à remercier tous les members du forum internet Neuroguide EEG pour leurs retours à améliorer la science et les applications cliniques. Je veux exprimer un un merci spécial au Dr Alexei Berd pour son accès à une abondance de connaissances scientifiques dont nous bénéficions tous. je tiens à remercier Dr Donald Pettit, Alfredo Toro et George Chaiken pour leur contributions inspirantes et idées germinales fournies au cours nos nombreuses conversations. Enfin, je reconnais particulièrement le assistance éditoriale du Dr Rebecca McAlaster.

CONTENU

L'histoire du sentiment esthétique

CHAPITRE

1

1

....

L'HISTOIRE DU SENTIMENT ESTHÉTIQUE

"Dans le cœur de chaque homme, il y a un nerf secret qui répond aux vibrations de la beauté."

Christopher Morley

Le sentiment humain de beauté transcende les mots car son origine est subconsciente. Le "moment esthétique" conscient commence à la fois comme une prise de conscience et un sentiment de beauté. Parmi les nombreuses questions, on peut citer: Pourquoi un coucher de soleil ou le sourire d'un enfant est-il universellement beau? Pourquoi les sentiments esthétiques sont-ils un moteur de l'économie mondiale? Pourquoi les choix coûts/avantages sont-ils souvent basés sur la simplicité? Pourquoi la beauté visuelle nous aide-t-elle à décider des problèmes de style de vie? Pourquoi le sentiment esthétique est-il un moteur de la créativité humaine dans les domaines de l'architecture, de l'ingénierie, des mathématiques, de l'athlétisme et de l'art?

Dans ce livre, l'argument est avancé que les réponses résident dans la correspondance inconsciente de la structure anatomique du cerveau humain avec les formes mathématiques "idéales" de l'Univers lui-même, semblable à la philosophie de Platon d'un Univers mathématique idéal séparé que les humains ne peuvent qu'approcher. L'ancienne hypothèse de Platon a récemment été testée et confirmée en ce qui concerne le cerveau humain. Par exemple, les neurosciences modernes ont découvert que la cartographie de la rétine (un disque) sur le cortex visuel (un rectangle) est une spirale logarithmique identique à une coquille d'escargot, une galaxie ou une tornade (Schwartz, 1977a; 1977b; 1980). La cochlée humaine est un autre exemple de cette forme en spirale qui mappe le son sur le cortex et la cartographie sensorielle de la peau via une cartographie en spirale sur une ligne droite dans le cortex. Pourquoi existe-t-il une cartographie spirale logarithmique commune de nos sens? Quel avantage évolutif y a-t-il à une carte sensori-corticale en spirale logarithmique et à une esthétique?

Aussi, pourquoi la forme spirale logarithmique mathématique d'une coquille d'escargot, d'une galaxie spirale et d'un ouragan est-elle la même cartographie spirale logarithmique de la rétine au cortex, à la peau et à la cochlée humaine? Il doit y avoir un sens plus profond. L'un des objectifs de ce livre est d'explorer la signification profonde de l'univers mathématique idéal platonicien et le rapprochement du cerveau humain vers cet idéal avec simplicité et formes d'énergie minimales guidées par le sentiment esthétique découlant des réseaux cérébraux. Ce livre commence par une recherche du sens profond de la correspondance entre les cartographies anatomiques du cerveau et les cartographies spirales de l'Univers.

Tout d'abord, commençons par l'hypothèse selon laquelle les mesures neuroscientifiques modernes du "moment esthétique" commencent par une entrée sensorielle (visuelle, tactile, sonore) et un délai d'environ 200 à 500 ms avant que le cortex sensoriel ne mesure l'impact esthétique. Il s'agit d'une correspondance approximative avec une forme spirale universelle de proportion dorée de l'anatomie cérébrale (comme une coquille d'escargot) suivie de boucles frontales-limbiques humaines qui donnent lieu à un sentiment d'appréciation esthétique et à des itérations de pensées et de souvenirs. Ensuite, testons cette hypothèse, basée sur des publications scientifiques, montrant une cartographie spirale universellement belle de la rétine, de la cochlée et de la peau au cortex humain qui est fondamentalement impliqué dans le traitement de haut niveau à chaque instant simplement en vertu des cartographies spatiales. eux-mêmes. En bref, ce livre parle d'une force phylogénétique subconsciente qui commence par une activation esthétique immédiate produite par des "cartes sensorielles en spirale" en 100 ms à 200 millisecondes environ. Ceci est ensuite suivi (200 ms à 1 seconde) d'itérations cortico-limbiques pour l'émotion plus profonde du contexte esthétique de nos perceptions. Tout cela se produit dans une séquence continue de brèves périodes de temps qui constituent le « présent spacieux » (Thatcher et John, 1977; Thatcher, 1977; 2016). La proposition est que la conscience humaine est une force phylogénétique donnant naissance à un sentiment esthétique immédiat par des boucles corticales et des itérations pour l'émotion plus profonde du contexte esthétique de nos perceptions.

Pour découvrir la vérité fondamentale partagée de la beauté, faites une pause et fermez vos yeux, respirez profondément et imaginez un **Beau Coucher de Soleil ou Une Belle Fleur**. Si vous avez réussi et maintenu l'image d'un coucher de soleil ou d'une fleur, alors vous avez partagé un moment esthétique du sentiment de beauté qui est universel dans toutes les cultures et sociétés. Une sensation esthétique et sensorielle ressentie lorsque nous contemplons un beau paysage, le visage souriant d'un enfant ou une fleur aux couleurs vives, est éphémère et peut ne durer que quelques secondes, pour être remplacée par l'instant suivant de nos cadres temporels conscients. La sensation sensorielle et esthétique est le contenu d'une ou plusieurs images de conscience fugaces d'une milliseconde qui se déplacent comme une onde progressive dans les boucles du cerveau. Ces processus biologiques sont le plaisir du sentiment esthétique à chaque instant. Ces processus sont suscités par un ensemble remarquable et étonnant de formes universelles de simplicité et d'harmonie qui sont corrélées à des moments esthétiques. La spirale logarithmique en physique est également une forme "d'énergie minimale" et il est remarquable que les mêmes formes géométriques produisent également du plaisir en les voyant (par exemple coucher de soleil, coquille d'escargot, fleurs, galaxies, etc.). Ce point commun entre la physique mathématique de l'Univers, représentée par des formes mathématiques pures telles que la spirale logarithmique, la proportion d'or et l'anatomie du cerveau humain, produit remarquablement des moments d'appréciation, de crainte ou de joie lors de l'expérience de la beauté. Le sentiment esthétique a également une valeur de survie évolutive qui n'est certainement pas anodine et, en outre, reflète une vérité profonde et profonde.

Le moment esthétique peut provoquer un essoufflement ou un "abasourdi" pendant un bref instant, ce qui crée un souvenir durable qui peut changer considérablement le chemin de la vie. Les exemples en sont le changement de phase soudain de la conscience à cause de la simplicité comme un lever de soleil, le sommet d'une montagne, des vagues sur une plage, une tornade, une équation mathématique ou un jugement moral correct qui attire notre attention. Ensuite, un sentiment esthétique plus profond suit l'apport sensoriel énergétique minimal initial qui donne lieu à une appréciation esthétique du contexte et de la signification de l'apport sensoriel.

La science montre que le moment esthétique est un processus en deux étapes. Premières formes d'énergie minimales empiétant sur nos sens et cartographiées de manière logarithmique sur le cortex sensoriel. Viennent ensuite des boucles itératives humaines uniques entre le cortex et le système limbique qui donnent naissance au moment esthétique. Le moment esthétique peut être profond et influencer nos décisions et nos orientations dans la vie. C'est ce que j'appelle la "Boussole esthétique".

Le moment esthétique est également évoqué par la reconnaissance de la "verité" et l'intuition morale de "ce qui est juste". Le jugement esthétique est une force morale dans chacune de nos vies. Des expressions telles que "faites ce qui est juste" et "verité" sont des expressions et des manifestations de la "Boussole esthétique". De plus, la boussole esthétique est également une force subconsciente liée au sentiment de "justice" contre "injustice", une propriété unique du cerveau humain phylogénétiquement évolué qui est absente ou minime chez les primates non humains.

La beauté est un sentiment humain unique et spécial qui apparaît sans effort et constitue une forme d'énergie minimale dans le cerveau. Par exemple, respirons profondément et imaginons un coucher de soleil ou une fleur ou la beauté d'une image d'une galaxie dans l'espace lointain. Comme l'eau coulant sur une colline, les cartographies anatomiques idéales du subconscient suivent le "nombre d'or" mathématique idéal ou la "proportion divine" (c'est-à-dire 1,618033... Huntley,

1970) et sont l'essence de la simplicité et de la beauté, le début de le moment esthétique.

Pour résumer, la cochlée humaine est une spirale logarithmique. La rétine a une cartographie logarithmique avec le cortex visuel. Une ligne droite dans le cortex somatosensoriel se présente sous la forme de spirales s'enroulant autour de nos membres (Schwartz, 1977a; 1977b). Les spirales logarithmiques sont des proportions dorées qui représentent un format d'énergie minimal commun pour la perception humaine de base en tant que genèse du moment esthétique. La figure 1 sont des exemples du nombre d'or dans la nature qui sont immédiatement esthétiques à l'œil et constituent une cartographie anatomique des récepteurs sensoriels du cortex humain. L'immédiateté et la simplicité du nombre d'or attirent notre attention, inspirent la réflexion et les pensées, et changent les trajectoires de notre vie.

Line Segments in the Golden Ratio

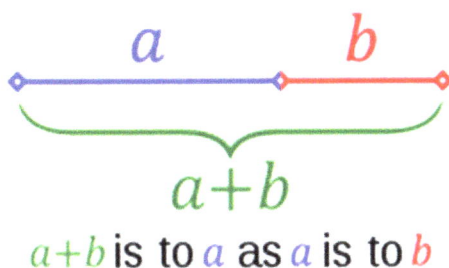

$$a \qquad b$$

$$a+b$$

$a+b$ is to a as a is to b

Logarithmic Spiral and the Fibonacci Series

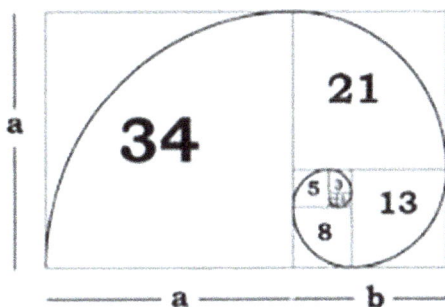

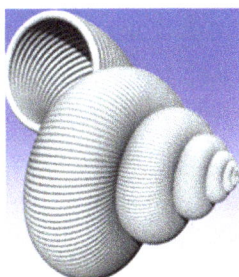

Fig. 1- Le nombre d'or est un nombre spécial obtenu en divisant une ligne en deux parties de sorte que la partie la plus longue divisée par la partie la plus petite soit également égale à la longueur totale divisée par la partie la plus longue. Il est souvent symbolisé par phi, après la 21e lettre de l'alphabet grec.

Ce livre soutient que notre boussole esthétique subconsciente stimule les actions et donne une direction. Par exemple, seuls les humains se rendent au bord de la mer juste pour voir un coucher de soleil! Personne à ma connaissance n'a vu un groupe de chiens, de chats ou de singes se diriger vers le bord de la mer juste pour voir un coucher de soleil. Un sentiment de beauté est immédiatement relaxant et constitue un sentiment positif mêlé de respect. Le pouvoir du sentiment de beauté apparaît lorsque la beauté du moment, comme un coucher de soleil ou une fleur, vient à la conscience. Ensuite, les êtres humains s'arrêtent et s'en imprègnent avec l'envie de prolonger l'expérience. Le sentiment de beauté implique des neuromodulateurs cérébraux comme la dopamine et la sérotonine qui modifient les synapses, et constitue donc un sentiment positif et renforçant qui agit comme une "boussole esthétique" dans ce bref instant qui donne lieu à des changements de comportement et à l'orientation des expériences de vie futures.

Les primates non humains n'ont pas le développement phylogénétique des lobes frontaux humains pour donner lieu à une appréciation esthétique à fort impact et à une profondeur émotionnelle de sentiment. L'esthétique commence comme une force subconsciente fondamentale basée sur une correspondance sensorielle énergétique minimale de la forme spirale logarithmique Golden Proportion du cerveau humain comme format d'information initial. Il correspond ensuite aux réseaux des lobes frontaux du cerveau qui sont essentiels à la créativité et à la survie, à la conscience de soi et aux boucles de pensées itératives qui s'efforcent de comprendre le passé, l'avenir et d'imaginer les mondes au-delà. Une grande partie de ce livre est consacrée à la compréhension de la science derrière le sentiment esthétique en postulant l'existence de "cadres temporels" itératifs qui correspondent ou ne correspondent pas à de nouvelles expériences pour donner naissance à des sentiments de nouveauté à ces moments du temps qui partagent également le sentiment itératif nature de "l'autosimilarité", des "fractales" et de la "proportion d'or". Mais il existe un niveau encore plus profond et je m'efforcerai de le montrer dans la manière dont le sentiment esthétique implique un lien fondamental entre la physique de "l'énergie minimale" dans l'Univers et les mécanismes de réduction de l'incertitude à l'intérieur du cerveau qui donnent lieu à l'appréciation de l'esthétique. Je crois que Platon a été l'un des premiers à expliquer ce niveau d'esthétique plus profond lorsqu'il a imaginé un univers mathématique idéal (Agnati et al, 2007; Cooper et Hutchinson, 1997). Roger Penrose (2005), mathématicien Nobel, dans son livre "La route vers la réalité: un guide complet des lois de l'univers" est une continuation moderne de l'intuition précoce de Platon. Ces travaux et d'autres similaires constituent les fondements scientifiques des neurosciences sur lesquels je m'appuie pour aider à relier le sentiment esthétique au cerveau.

Le mystère du sentiment de beauté soulève des questions amusantes à explorer. Par exemple : 1- Quelle est la valeur biologique de survie du sentiment de beauté? et 2- Pourquoi le sentiment de beauté est-il si gratifiant et agit-il comme une boussole magnétique qui attire à la revivre? Un point de départ pour répondre à ces questions est de commencer par comprendre la relation entre le cerveau et la physique de l'Univers qui contient les mêmes atomes que ceux qui composent le cerveau. Car le cerveau obéit aux mêmes lois de la physique que tout le matériel connu de l'homme. J'entends par là la physique mathématique acceptée aujourd'hui en 2022, qui constitue la mécanique quantique, la théorie de la relativité restreinte et générale d'Einstein et les autres lois de l'Univers. Ces formes mathématiques appliquées purement idéales donnent naissance à des commodités et à des technologies quotidiennes telles que la capacité de voyager à grande vitesse, la télévision, les ordinateurs, les voyages dans l'espace et aussi, malheureusement, destructrices comme les bombes atomiques, etc.

Comment se fait-il que le cerveau humain ressente la beauté tout en étant capable de créer des bombes atomiques? Étonnamment, la relation est due à la beauté de la forme parfaite, motivée par un univers de formes idéales parfaites qui, comme le soutenait Platon, existent comme un univers idéal séparé à chaque fois que nous nous adaptons et que nous ne nous adaptons pas. Ensuite, approchez-vous seulement de la forme idéale à chaque instant de notre vie quotidienne d'instant en instant. Ironiquement, l'idéal platonicien des mathématiques appliquées à une bombe atomique a également servi de boussole esthétique qui a guidé la concentration et l'habileté pour perfectionner la bombe atomique. Les équations étaient guidées par le même sentiment de perfection esthétique qu'un professeur d'université ou un ingénieur créant de nouvelles inventions.

Les formes mathématiques simples de Platon, comme un cercle, un triangle, une spirale, un rectangle, des lignes radiales et de nombreuses autres formes mathématiques pures, ont été considérées comme "belles" par des milliards de personnes pendant des siècles. Un fait étonnant est que les cartographies sensorielles du cerveau humain partagent les mêmes formes fondamentales platoniciennes! Comme mentionné précédemment, la cochlée humaine est une forme en spirale logarithmique, comme une coquille d'escargot ! Pourquoi est-ce? La rétine est un disque et la cartographie vers le cortex visuel est une spirale logarithmique, comme une coquille d'escargot ! Pourquoi est-ce? Pourquoi la cochlée a-t-elle la même forme qu'une galaxie ou une tornade ? Une ligne droite dans le cortex sensori-moteur se dessine comme une spirale sur les membres! Pourquoi existe-t-il la même cartographie commune que pour le son, la vue et le toucher? Pourquoi existe-t-il un format physique mathématique commun du cerveau humain d'un logarithme qui crée sans effort une multiplication par sommation pour une entrée sensorielle?

1.1   NEUROANATOMIE COMPUTATIONNELLE

La réponse? La sommation synaptique dendritique est en fait une multiplication le long de l'axe dendritique des neurones, car les logarithmes sont une multiplication par addition. Ce fait fondamental, tel que décrit par Eric Schwarts (1977a ; 1977b ; 1980), aboutit à une neuroanatomie computationnelle qui donne lieu à une correspondance énergétique minimale des cartographies du monde extérieur avec la physique des formes mathématiques du cerveau à chaque instant! Le travail du cerveau consiste à réduire l'incertitude dans un univers incertain, car notre anxiété augmente avec l'incertitude. Notre capacité à prédire l'avenir, ou notre capacité à répondre aux attentes ou à nous adapter aux échecs, est nécessaire à notre survie. Le cerveau utilise des calculs instantanés de correspondance et d'inadéquation de forme et de cartographies spatiales en millisecondes pour prédire l'avenir. Il agit en comparant l'adéquation et l'inadéquation du succès des actions par étapes instantanées vers des états d'énergie minimaux et des formes esthétiques qui conviennent le mieux à chaque instant.

Le flux d'informations depuis les surfaces sensorielles telles que la rétine vers le cortex visuel et les remappages à proximité nécessite environ 250 ms, puis 250 à 500 ms supplémentaires vers les lobes frontaux, et enfin une boucle vers le système limbique pour évaluer la valeur d'un stimulus. en environ 1 000 à 1 500 ms (Thatcher et John, 1977; Thatcher, 2016). Il est postulé ici que les mappages d'informations lorsque la correspondance se rapproche de la proportion d'or sont d'une efficacité maximale avec moins d'effort que d'autres ratios et formes. Il en résulte une synchronisation et une résonance d'un plus grand nombre de neurones. Je vais tenter d'expliquer que les neurosciences de l'esthétique concluent que le sentiment de beauté est un bref moment de réduction de l'anxiété du fait qu'il commence dès la première étape comme une approximation à grande vitesse vers une adéquation parfaite à un monde parfait. Le "monde parfait" est extérieur à nous-mêmes. C'est le concept platonicien de formes idéales qui peut aujourd'hui être supposé être lié au fait que nous ne connaissons qu'environ 5 % des forces et de la dynamique de l'univers, mais que 95 % nous sont inconnus. L' "énergie noire" et la "matière noire" inconnues. L'énergie noire est responsable de l'expansion de l'univers. La matière noire sont des "trous noirs" qui aspirent l'énergie et la matière. Le cerveau, capable de connaître les 5% de l'Univers est en train de deviner la nature des 95 % inconnus. Ce "fait" accepté par la science moderne de 2022 est vraiment stupéfiant!

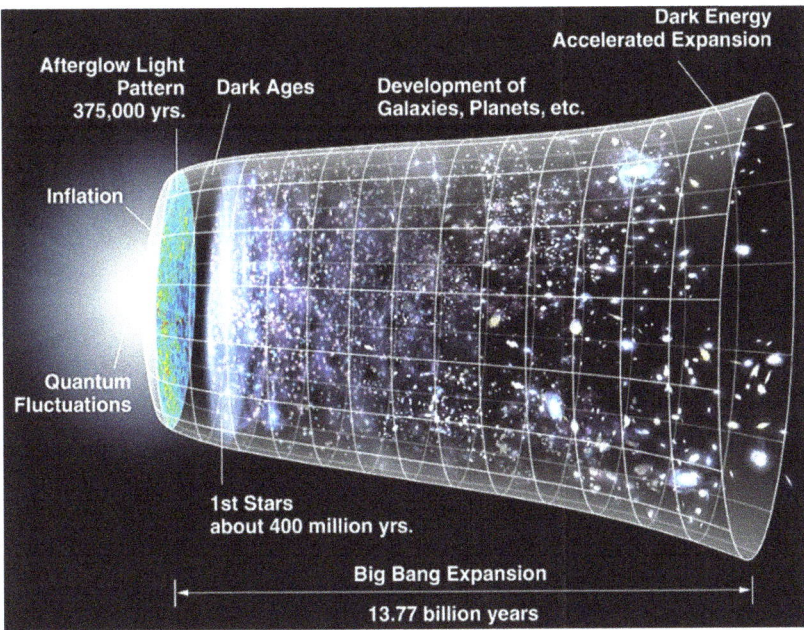

La beauté de voir un nouveau-né est bien plus complexe que le point de départ des formes mathématiques logarithmiques ou la compréhension de la relation entre le cerveau et le sentiment de beauté. Ce sentiment peut être merveilleux mais dépendant des émotions parentales phylogénétiques et des antécédents familiaux. Les mathématiques du sentiment esthétique sont transformationnelles, basées sur des nombres et universelles. Il est préférable de le mesurer indépendamment des associations personnelles. L'objectif principal de ce livre est de répondre aux questions les plus profondes sur la conscience humaine, telles que: pourquoi le sentiment de beauté est-il influencé par les spirales logarithmiques dans l'espace et/ou le temps? Pourquoi le sentiment de beauté est-il associé à la Proportion Dorée? Pourquoi les cartographies sensorielles du cerveau humain suivent-elles l'architecture de la même forme de proportion dorée que celle peinte par Leonardo Davinci et d'autres artistes? Pourquoi la conscience sensorielle immédiate de la beauté provoque-t-elle une sensation de relaxation?

La réponse est que les cartographies mathématiques logarithmiques basées sur la biologie dans le cerveau humain et les formes mathématiques logarithmiques dans le monde extérieur sont perçues comme belles. Un exemple est celui des cartographies sensori-corticales, de la proportion d'or et de la spirale logarithmique. Existe-t-il une relation entre le sentiment de beauté dans la musique et la forme en spirale de la cochlée humaine? Pourquoi la cartographie de la rétine sur le cortex visuel est-elle également une cartographie en spirale logarithmique? Pourquoi une ligne droite de neurones corticaux sensoriels forme-t-elle une spirale jusqu'aux membres, comme la botte d'un "soldat romain"? Pourquoi existe-t-il un format commun pour les cartographies sensorielles du cerveau humain? Pourquoi les formes mathématiques telles que les spirales, les triangles, les cercles, les lignes radiales, la symétrie, l'harmonie et bien d'autres formes d'art mathématique sont-elles intrinsèques aux cartes corticales sensorielles ? La deuxième étape du sentiment esthétique se produit lorsque le cerveau produit des prédictions du futur dans des fenêtres de temps d'environ 100 ms à 200 ms qui sont ensuite inconsciemment adaptées ou non à la "réalité anatomique". La troisième étape, d'environ 250 ms à 1 500 ms, implique des boucles du système frontal-limbique qui réduisent l'incertitude dans des périodes de temps qui itèrent pour élargir la compréhension, réduire l'incertitude et constituer le contenu de notre conscience. La libération de neuromodulateurs de récompense, tels que la dopamine, donne lieu à des modifications synaptiques dans les réseaux cérébraux limbiques et corticaux pour réduire l'anxiété et guider la "boussole esthétique" (voir chapitre 2 sur la neuroesthétique).

Pour résumer, la définition de l'esthétique par les neurosciences implique trois étapes: 1- les informations sensorielles engageant les sens via des cartes sensorielles en spirale logarithmique (environ 50 ms à 100 ms), 2- l'inadéquation des correspondances et les prédictions du futur (environ 100 ms à 300 ms) impliquant une réduction du stress en son sein avec une activité sympathique accrue, une activité réduite des neurones de l'amygdale et une activation du réseau du plaisir (Brown et al, 2011; Berridge et Kringelbach, 2015). La réactivité réduite de l'amygdale est importante car les neurones de l'amygdale sont comme le "tea party" de l'histoire américaine, un petit groupe qui crie fort et modifie la dynamique d'une population de 100 milliards de neurones en quelques millisecondes. Les publicités télévisées, Internet, la télévision, la radio et la presse écrite sont des informations qui sont inconsciemment échantillonnées à de courts intervalles de temps. La troisième étape (300 ms à 1 000 ms) correspond au moment où la conscience reçoit des informations pendant de brèves périodes de temps qui sont reconstituées pour former le monde continu et stable dont font l'expérience tous les individus conscients.

1.2 QUE SONT LA VÉRITÉ ET LA BEAUTÉ

Le sentiment de « Vérité » nous pousse ici et là au cours de notre vie comme des points nodaux dans le courant du voyage de la vie (anonyme).

"Notre cerveau essaie constamment de trouver un sens aux associations, aux connexions, aux données et aux modèles. Nous essayons de tirer parti de la

quantité d'informations qui nous est présentée. Nous essayons également de connecter de nouvelles informations à nos expériences passées et aux connaissances stockées dans notre mémoire. Lorsque nous trouvons un modèle qui a du sens pour nous, nous l'ajoutons à notre carte perceptuelle. S'il se connecte aux connaissances déjà stockées dans notre esprit, nous apprenons. Lorsque nous pouvons établir ces connexions, nous ressentons un sentiment de soulagement. l'anxiété, la confusion ou le stress qui accompagnent les données, les faits et les chiffres " [Rabinovich et al, 2012, p. 6].

"Les formes mathématiques idéales ne sont pas révélées directement et le cerveau est un processus biologique massif et hautement organisé qui correspond à une inadéquation des attentes et des prédictions avec une correction d'erreur dynamique pour la réduction de l'incertitude par la physique quantique et classique qui se rapproche des formes idéales à chaque instant." (Thatcher, 2016, chapitre 9.1).

Le sentiment de vérité et de beauté est produit dans le cerveau humain et on peut se poser les questions simples « Pourquoi » ? et comment»? Des sentiments aussi remarquables guident-ils des masses de personnes sur terre dans leurs rêves et leurs quêtes tout au long de leur parcours de vie ? Aussi pourquoi et comment les mots « Vérité » et « Beauté » sont-ils souvent synonymes ? La réponse à cette question nécessite l'utilisation de la logique générée par le cerveau. Le cerveau consomme 20 à 40 % de la glycémie, ne pèse qu'environ 2,5 livres, mais crée une conscience capable de réfléchir et de poser les questions en premier lieu. Ceci est au cœur de la preuve mathématique de la vérité autoréférentielle de Gödel. Elle est également centrée sur la Théorie Générale de la Relativité d'Einstein qui est elle-même une vérité mathématique basée sur un Univers platonicien de formes « idéales », par exemple le carré idéal, le triangle idéal, le théorème de Pythagore, etc.

Le lien entre le cerveau et le sentiment esthétique commence par des questions telles que : Pourquoi ces deux kilos et demi de tissu cérébral consomment-ils 20 à 40 % de la glycémie? Quel travail cette quantité disproportionnée d'énergie fait-elle? Comment ce cerveau produit-il la conscience, les pensées, les sentiments et les mouvements dirigés vers un objectif ? Heureusement, nous connaissons la réponse générale à ces questions et elle est « Électricité ». Les 70 dernières années de neurosciences ont établi que la majeure partie de l'énergie métabolique du cerveau est utilisée pour créer de l'électricité dans des neurones connectés entre eux en boucles. Cette énergie est activée par des potentiels synaptiques sommés qui produisent des potentiels d'action numériques qui envoient des signaux le long des fibres qui se connectent à chaque élément de la boucle avec des branches vers d'autres boucles. Certaines boucles sont des boucles locales inhibitrices et d'autres sont des boucles excitatrices à longue distance qui fonctionnent par un équilibre entre inhibition et excitation. Les oscillations des boucles et des membranes aboutissent à l'électroencéphalogramme ou EEG enregistré sur le cuir chevelu, qui représente quelques microvolts à la surface du cuir chevelu mais varie de quelques milivolts à un volt à l'intérieur du crâne (Thatcher et John, 1977 ; Thatcher, 2016). En raison de la faible conductance crânienne, l'EEG du cuir chevelu est mesuré en millionièmes de volt. Il est remarquable mais heureux que même avec des tensions aussi faibles, l'EEG permette néanmoins des mesures précises et fiables des déphasages et du verrouillage de phase (synchronie) des centres et modules fonctionnels du cerveau en quelques millisecondes et environ un centimètre de localisation spatiale (Thatcher et al, 2008 ; Thatcher, 2016).

Le lien entre le cerveau et le sentiment esthétique commence par des questions telles que: Pourquoi ces deux kilos et demi de tissu cérébral consomment-ils 20 à 40 % de la glycémie? Quel travail cette quantité disproportionnée d'énergie fait-elle? Comment ce cerveau produit-il la conscience, les pensées, les sentiments et les mouvements dirigés vers un objectif? Heureusement, nous connaissons la réponse générale à ces questions et elle est "Électricité". Les 70 dernières années de neurosciences ont établi que la majeure partie de l'énergie métabolique du cerveau est utilisée pour créer de l'électricité dans des neurones connectés entre eux en boucles. Cette énergie est activée par des potentiels synaptiques sommés qui produisent des potentiels d'action numériques qui envoient des signaux le long des fibres qui se connectent à chaque élément de la boucle avec des branches vers d'autres boucles. Certaines boucles sont des boucles locales inhibitrices et d'autres sont des boucles excitatrices à longue distance qui fonctionnent par un équilibre entre inhibition et excitation. Les oscillations des boucles et des membranes aboutissent à l'électroencéphalogramme ou EEG enregistré sur le cuir chevelu, qui représente quelques microvolts à la surface du cuir chevelu mais varie de quelques milivolts à un volt à l'intérieur du crâne (Thatcher et John, 1977; Thatcher, 2016). En raison de la faible conductance crânienne, l'EEG du cuir chevelu est mesuré en millionièmes de volt. Il est remarquable mais heureux que même avec des tensions aussi faibles, l'EEG permette néanmoins des mesures précises et fiables des déphasages et du verrouillage de phase (synchronie) des centres et modules fonctionnels du cerveau en quelques millisecondes et environ un centimètre de localisation spatiale (Thatcher et al, 2008 ; Thatcher, 2016).

Le cerveau n'est pas comme un ordinateur. Cela dépend de flux d'informations dans des boucles régulées et non de circuits inflexibles et fixes. Contrairement à un ordinateur, le cerveau crée l'avenir en faisant correspondre ses actions. Il le fait face à l'incertitude et doit apprendre les procédures à la volée. Le processus est comme la conscience en quête d'elle-même, toujours en retard, guidée par des instabilités momentanées qui minimisent les résultats négatifs et maximisent les résultats positifs dans une séquence continue d'états cérébraux métastables. Le principe du moindre effort de la physique guide ce processus comme l'eau coulant sur une colline, un état de moindre effort représenté par la synchronie des masses de neurones, quelques millisecondes seulement avant que l'on agisse. Comme cité par Rabinovic et al (2012, p. 2) "La vie, c'est comme jouer du violon lors d'un concert tout en apprenant à jouer et en créant la partition pendant que vous jouez." Le désir et les pulsions aboutissent à une action qui répond aux défis d'une estimation de la réalité d'un instant. Une décision finale se produit par la sélection et la liaison synchrone temporaire de milliards de neurones.

L'un des thèmes récurrents de ce livre est le flux d'informations descendant et ascendant guidé par la physique du moindre effort pour atteindre des objectifs momentanés et des points finaux qui seront remplacés par le prochain cadre temporel et l'état d'énergie minimal, qui à nouveau correspondent et ne correspondent pas. avec des attentes dans une séquence continue d'états métastables. Le processus physiologique de recrutement des neurones dure 20 ms. à 80 ms. déphasage analogue à un "cri, qui est disponible?". Les neurones recrutés sont ensuite verrouillés en phase pendant environ 200 ms. à 500 ms. (Thatcher et al, 2009). Ce processus est le calcul des états d'énergie minimaux qui donnent lieu à des séquences d'états cérébraux métastables qui réduisent l'incertitude dans la mesure du possible à chaque instant (Pikovsky et al, 2003; Tass, 2007; Thatcher et al, 2008; 2009). Tous ces processus sont mesurables dans l'électroencéphalogramme quantitatif (QEEG) et le magnétoencéphalogramme (MEG), où l'interprétation clinique se fait via le lien entre les symptômes et les plaintes et la dérégulation dans les régions et réseaux cérébraux localisés. L'EEG est unique en ce sens qu'il mesure à peu de frais les changements en temps réel de la neuroplasticité homéostatique par comparaison avec une base de données de référence dans laquelle les synapses et les réseaux cérébraux sont modifiables par biofeedback (Hellyer et al, 2015).

Le flux d'informations se présente sous la forme de remappages coexistants et récursifs des régions sensorielles primaires vers des systèmes d'ordre supérieur et un contrôle réglementaire ascendant et descendant qui aboutit à une homéostasie adaptative des sentiments, des perceptions, des actions et de la conscience dans des périodes de temps successives. La figure 2 illustre la nature du flux d'informations des flux et boucles sensoriels descendants et ascendants entre le système limbique et le néocortex. La base de la motivation, des pulsions et du cortex visuel vers les lobes frontaux (de bas en haut) et les flux d'informations frontaux vers visuels (de haut en bas) en correspondance et inadéquation continue des attentes et des réactions à la nouveauté. La sélection d'énergie minimale se produit via un déphasage et un verrouillage de phase en tant que liaison ou spécification neurophysiologique où de grandes masses de neurones sont momentanément synchronisées entre fréquences. La synchronisation s'effectue au sein de vastes collections de neurones étroitement interconnectés, appelés Hubs. Des degrés de connectivité plus élevés entre les hubs sont appelés modules. Le plus haut degré d'interconnectivité est appelé le "Rich Club" dans la littérature sur le connectome humain (Sporns, 2013). Le réseau et l'organisation en "petit monde" du cerveau humain sont une autre manifestation de la physique des flux d'énergie minimaux et de l'efficacité de la réduction de l'incertitude (Thatcher et al, 2016).

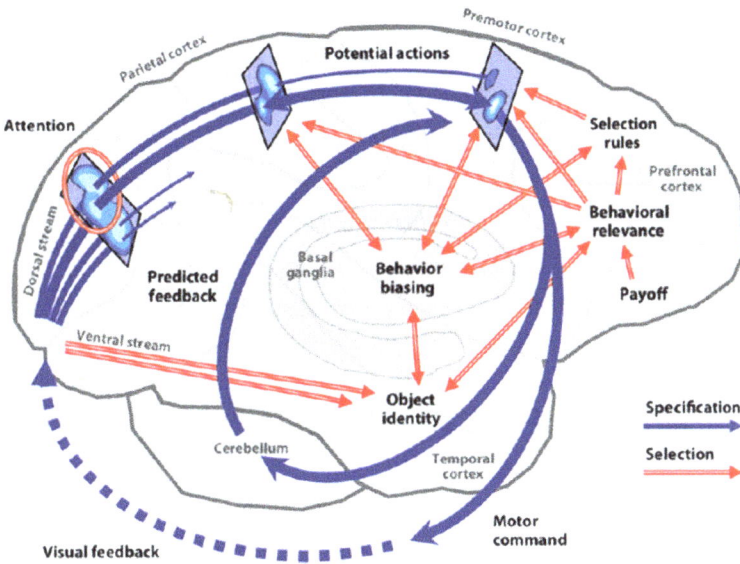

Fig. 2. Illustration du flux d'informations cérébrales qui ne peut être mesuré que par électroencéphalogramme à l'aide d'ordinateurs. Le non-qEEG ou l'examen visuel de traces EEG complexes sans quantification est incapable d'identifier la dynamique en millisecondes du cortex cérébral humain. Le flux d'informations va des systèmes sensoriels primaires vers les lobes frontaux et des régions motrices frontales vers les commandes motrices, comme représenté par les

flèches bleues. La sélection de boucles de neurones synchrones pour médier le comportement adaptatif se produit pendant de brèves périodes temporelles, comme représenté par les flèches rouges. Le déphasage est représenté par les flèches rouges et le verrouillage de phase est représenté par les flèches bleues. Ce chiffre et les concepts de déphasage et de verrouillage de phase dans la coordination de grandes masses de neurones dans les modules et hubs fonctionnels sont à l'origine de l'électroencéphalogramme humain (Thatcher et al, 2008 ; 2009a ; 2009b). Le biofeedback EEG et le système de récompense représenté comme « récompense » sont médiés par la dopamine qui modifie les synapses et constitue l'événement neuronal renforcé et conditionné de manière opérationnelle. Tiré de Rabinovich et al, 2012. (Voir le chapitre 6 pour plus de détails).

1.3   UNIVERS MATHÉMATIQUE PLATONICIEN

"... aucun examen du cerveau d'Einstein n'a jamais apporté beaucoup de lumière sur les sources de son génie, une lumière aussi grande que les mystères de l'univers qu'il a pénétré." (p. 92 – "Albert Einstein: L'héritage durable d'un génie modern", Time Magazine, 2014).

"Il existe également un profond mystère indubitable dans la façon dont il peut arriver qu'un matériel physique approximativement organisé puisse d'une manière ou d'une autre évoquer la qualité mentale de

*la conscience consciente" (Roger Penrose, "Le Chemin de la Réalité : Un Guide Complet des Lois de L'univers",
2005, p. 21).*

"Il existe également un mystère sur la façon dont nous percevons la vérité mathématique. Ce n'est pas seulement que nos cerveaux sont programmés pour "calculer" de manière fiable. Il y a quelque chose de bien plus profond que cela dans les idées que même les plus humbles d'entre nous posséder ...". (Roger Penrose, "La route vers la réalité : un guide complet des lois de l'univers", 2005, p. 21).

"La conscience qui se poursuit elle-même a toujours un pas de retard" (Thatcher et John, 1977).

RÉDUCTION DE L'INCERTITUDE ET VÉRITÉ ET BEAUTÉ

La conscience est définie comme un processus exécutif d'évolution naturelle qui oppose son veto ou permet l'engagement dans l'action. Il fonctionne comme un "spectateur subjectif" retardé d'images ou de moments sérialisés dans le flux du contenu de la conscience des sentiments et des pensées subjectifs, des sentiments de peur, d'espoir, de bonheur, de chagrin, de conscience de quelque chose de nouveau, de douleur, de plaisir, etc. , comme un PDG, opère au sommet d'une hiérarchie phylogénétique verticale allant du tronc cérébral au néocortex des processus préconscients qui précèdent la prise de conscience. Il existe des décalages temporels entre la survenance des événements et la prise de conscience de l'événement qui varient en fonction des rythmes du cerveau au moment de l'événement. Par exemple, pendant le sommeil, les relais sensoriels sont inhibés, l'EEG présente de grandes ondes lentes de 1 à 3 Hz et il n'y a pas ou peu de conscience des changements dans l'environnement lorsque le cerveau est en état de sommeil.

Historiquement, les théories de la conscience sont divisées en deux groupes généraux: 1- "L'esprit ou la conscience" comme distinct des atomes et des neurones qui composent le cerveau (dichotomie esprit/corps) et, 2- La conscience en tant que propriété émergente de sélection naturelle par laquelle un dirigeant retardé a une valeur de survie. En tant que processus d'autoréflexion, la conscience est une propriété physique des atomes, "émergeant" des actions collectives des atomes et des particules subatomiques aux niveaux de la mécanique classique et quantique. Des siècles de pensée se sont concentrés sur la vie, les étoiles, le passé et le présent ainsi que sur la nature de l'esprit humain. La nature de la conscience, du libre arbitre et les contradictions de la physique constituent un défi important à comprendre pour les 2 à 3 livres de masse environ, appelés cerveau. C'est pourquoi il a fallu plus de 100 000 ans pour que l'information limitée par un petit cerveau fonctionnant dans des délais d'environ 200 ms puisse enfin extérioriser les mots, les pensées et les idées et apprendre à stocker et transférer efficacement les connaissances d'une génération à l'autre. Lentement, au fil du temps, la logique, les mathématiques et le processus scientifique de vérification des hypothèses ont donné naissance aux énormes réalisations mathématiques et physiques des années 1800 et 1900, dans lesquelles les lois de l'univers peuvent être écrites sur une demi-page de papier (Richard Feynman et coll., 1963). Au 21e siècle, après d'énormes efforts et dépenses, la physique a démontré l'existence de la "matière noire" (par exemple, contraction de la matière en étoiles à neutrons) et de "l'énergie noire" (opposée à la gravité, croissance/expansion) qui constituent environ 95 % de l'énergie nucléaire. univers. Cela signifie que la conscience, à un moment donné, n'est consciente que d'environ 5 % de l'univers. La conscience doit donc être une propriété émergente d'une dynamique encore inconnue. La mécanique quantique, dans laquelle le boson de Higgs a été découvert, a confirmé que la gravité est une particule (c'est-à-dire la particule dite "Dieu"), confirmant ainsi le modèle standard de la mécanique quantique, qui lui-même fait partie de la dynamique entre l'énergie sombre (croissance/ expansion) et la matière noire (contraction). Des mesures télescopiques récentes prises au pôle Sud ont confirmé par expérience la distribution attendue de la lumière au début de l'univers en raison de la gravité, conformément à la "Théorie générale de la relativité" d'Einstein. Cela indique qu'une très petite particule a provoqué l'expansion de l'univers, sous la forme d'une explosion quasi instantanée se propageant à partir d'une source ponctuelle, créant un tissu uniforme de l'univers comme décrit par la "Théorie générale de la relativité" d'Einstein ainsi que par la "Mécanique quantique". La conscience doit donc faire partie du tissu de l'univers dans le contexte de l'entropie de l'univers en tant que "temps emprunté" dans la "chaîne" du tissu de "l'espace-temps" d'Einstein pendant de courtes périodes de temps de la mécanique quantique, comme les ondes. à la surface d'un vaste océan. Selon la théorie de la relativité générale, il n'y a pas de perte ou de gain net de changements ou de déformations de la structure de l'espace-temps, mais seulement des transformations d'instant en instant. Sur la base d'études sur l'anesthésie au propofol, la conscience semble représenter une séparation dynamique non linéaire du couplage vertical du cerveau reptilien au cerveau cortical du primate humain (et al, 2010). La perte de conscience est une « extinction » de la synchronie entre le cortex et le tronc cérébral, dans laquelle le sommeil et les états inconscients sont caractérisés par un effondrement spatio-temporel des fréquences inférieures et supérieures de milliards de neurones qui se transforment rapidement en hypersynchronie extrême à un moment donné. état de dimension inférieure ou état inconscient (Breshearsa et al, 2010). L'éveil et la conscience sont un renversement de l'effondrement de l'hypersynchronie en une dynamique dansante de brefs états métastables de séparation de fréquences croisées entre le néocortex et le tronc cérébral. La danse entre le cerveau primitif des dinosaures et le néocortex humain réduit l'incertitude et est nécessaire à la survie. Cette danse n'est pas anodine car elle est de mécanique quantique et classique au sens plein du terme.

Roger Penrose dans son livre "The Road to Reality: A Complete Guide to the Laws of the Universe" (2005) explique comment la réalité est en fait un univers mathématique distinct, similaire à ce que Platon considérait comme des formes idéales. Plus tôt, Penrose (1994) a développé une science élaborée de la conscience utilisant les mathématiques et la physique de la mécanique quantique et la théorie de la relativité qui s'appuie également sur l'univers mathématique idéal de Platon. Aujourd'hui, les êtres humains ne connaissent qu'environ 5 % de l'Univers physique, bien que l'expérience et les mathématiques permettent d'estimer la nature des 95 % restants qui se trouvent en dehors de la portée de nos sens et de notre conscience. Les formes mathématiques idéales ne se révèlent pas directement. En conséquence, le cerveau est un processus biologique massif et hautement organisé de correspondance et d'inadéquation des attentes et des prédictions avec correction dynamique des erreurs. Cela réduit l'incertitude en se rapprochant des formes idéales à chaque instant. Le modèle de conscience mécanique quantique de Penrose est une lecture fascinante. Cela est cohérent avec la mécanique quantique moderne depuis la découverte de processus quantiques "chauds et humides" (Panitchayangkoon et al, 2010; Engle et al, 2007). Une extension du modèle de Penrose consiste à approfondir le concept de constante de conscience de Planck. La constante de Planck est basée sur des sauts ou des non-linéarités dans le comportement des atomes découverts à la fin des années 1800. Max Planck a découvert un laps de temps minimal entre la physique classique et la mécanique quantique, une entité quantique appelée "photon".

Le premier lien entre la mécanique quantique et le cerveau est le fait que le cerveau est principalement constitué d'eau, c'est-à-dire de H_2O. Le deuxième lien avec la mécanique quantique est que la densité de protéines/lipides à haute énergie du cerveau humain, contenues dans un petit espace avec les forces mécaniques quantiques de Van der Walls opérant, entraîne une réalité quantique de distorsion temporelle instantanément entre l'énergie noire et la matière noire dans chaque atome de chaque être humain. Un concept de pont entre la mécanique quantique et le cerveau est un type de constante de Planck de conscience basée sur des cadres mesurés de temps de perception et de conscience avec des masses de molécules énergétiques et d'atomes consommant environ 20 à 40 % de la glycémie et concentrées dans un petit os. crâne et ne pesant qu'environ 2.5 livres. Explorons brièvement la physique du cerveau. Commençons par l'estimation prudente selon laquelle un cerveau de 1 kilogramme (2.2 livres) est composé de 100 milliards de neurones ou 1×10^{12} avec 1×10^4 synapses et 1×10^6 canaux ioniques = 1×10^{22}. Le nombre d'Avagrado est 6.7×10^{23} comme mesure des atomes par unité de volume qui relie la physique classique au niveau atomique des atomes. La prise de conscience se produit dans des "périodes" discrètes. La grande densité d'atomes énergétiques qui constituent le cerveau implique nécessairement des forces de Van der Walls de la mécanique quantique. Par exemple, un atome d'hydrogène est électriquement neutre mais présente une distribution dipolaire spatiale au niveau de la mécanique quantique. C'est la distribution dipolaire quantique des électrons de van der Wall qui donne naissance aux propriétés remarquables de l'eau, qui constitue environ 85 % du cerveau humain. En outre, il convient de noter que c'est la forme d'une molécule d'eau H_2O qui est une forme atomique à énergie minimale qui oscille dynamiquement et se rapproche d'une forme mathématique idéale qui donne naissance à la molécule d'eau (Platon et la boussole esthétique subconsciente). Dans tout matériau, il y a une "bataille" constante entre les liaisons et l'énergie cinétique des molécules individuelles: les liaisons tentent de maintenir les molécules ensemble tandis que l'énergie cinétique tente de les séparer. Dans un solide, les liaisons sont suffisamment fortes pour maintenir les molécules fermement en place, connectées les unes aux autres, et pour vaincre l'énergie cinétique. Dans un liquide, ces liaisons sont plus faibles et sont constamment rompues et reformées à mesure que les molécules se déplacent – pas assez fortes pour les maintenir en place, mais suffisamment fortes pour les empêcher de s'envoler. Le cerveau est principalement constitué d'eau et de protéines/lipides opérant dans un espace très dense et hautement énergétique. C'est l'intégration de la théorie des macro et micrographes qui relie la mécanique classique et quantique au cerveau.

1.4   VIE, ESTHÉTIQUE ET ÉNERGIE MINIMALE

Dans les années 1920, la relation entre les sentiments esthétiques et la "complexité" a été redéfinie par Birkhoffin en termes d' "effort perceptual". Ce lien entre la complexité d'un objet et l'effort de perception s'accompagne d'un lien similaire entre les mathématiques et la simplicité des lois physiques de l'univers. Par exemple, la fonction logarithme complexe est caractéristique de la structure globale et locale des cartographies sensorielles du cerveau. Cette fonction logarithmique peut également être utilisée pour décrire la configuration des champs électriques ou magnétiques, la vitesse d'écoulement d'un fluide ou la distribution d'un réactif chimique diffusant. La raison fondamentale de ce point commun en termes de développement est que les structures de ce type nécessitent un codage minimal. Autrement dit, ils représentent les méthodes les plus parcimonieuses et les plus économiques pour contrôler le flux dynamique et, dans le cas de la matière vivante, la croissance de la forme. La nature unificatrice et simple de ces observations indique que leur point commun est en fin de compte une expression du "principe variationnel" ou du principe du "moindre effort" en physique. Ce principe, tel qu'il se reflète dans le calcul des variations, est une description des processus par lesquels la nature trouve le chemin de moindre résistance, ou une solution d'élégance, de simplicité et de parcimonie dans la résolution des forces conflictuelles et de l'évolution de la nature (un coucher de soleil, une fleur, une tornade). Les mécanismes de l'esthétique et peut-être plus généralement de la perception peuvent impliquer directement un lien similaire. Dans ce cas, entre simplicité et effort perceptuel, dans lequel l'expression du moindre effort pour la croissance des formes vivantes (la

Proportion d'Or) correspond à l'expression du moindre effort pour l'évolution de l'univers physique. En d'autres termes, un aspect fondamental du sentiment esthétique humain implique une correspondance entre les lois d'organisation des atomes du cerveau et les lois d'organisation des atomes de l'environnement ou de l'espace extérieur au cerveau. Le principe mathématique variationnel d'Euler-Lagrange et Hamilton est une expression universelle qui s'applique à la matière vivante et à la conscience humaine. Dans le cas de la conscience humaine, l'entropie négative de la décharge synchrone de millions de neurones liée au temps présent, et adaptée ou non à la mémoire et aux attentes du futur dans des intervalles de temps de 80 à 300 millisecondes, sont des états d'énergie minimaux séquentiels.

Enfin, nous devons nous demander: quel est le lien entre la matière "vivante" et "non vivante", le "principe variationnel" et la "proportion d'or"? Il est raisonnable de supposer que ce lien découle du fonctionnement des modèles dans la nature, où la duplication d'une forme de base est la méthode la plus simple et la plus économique pour survivre et croître. Un exemple du rôle des modèles dans la matière inanimée est l'atome d'hydrogène dont la structure de base est dupliquée pour créer de l'hélium, et ainsi de suite jusqu'à ce que tous les éléments du tableau périodique existent. Dans le cas de la matière "vivante", la manière dont les éléments s'organisent pour créer un tout est d'une importance fondamentale. La coordination temporelle et spatiale des parties dans le contexte du tout est essentielle pour les systèmes vivants. Le vieux phorisme selon lequel "le tout est plus grand que la somme de ses parties" est un exemple de ce principe fondamental de la vie.

La proportion d'or revêt une importance particulière dans l'organisation de la vie du fait qu'elle est la seule proportion dans laquelle "le rapport entre la plus grande et la plus petite partie est égal au rapport entre le tout et la plus grande partie". Autrement dit, il n'existe aucun autre rapport dans lequel les parties les plus grandes et les plus petites soient liées les unes aux autres en vertu de leur relation au tout. La duplication, lorsqu'elle opère sur le nombre d'or ou la proportion, aboutit à la propriété de croissance gnomique dans laquelle la relation des parties au tout est préservée, indépendamment de la taille. Ainsi, à travers le processus évolutif, la nature opère sur ces "formes d'énergie minimale" qui survivent, en les dupliquant simplement (parfois avec des variations de ratio) encore et encore. Le nombre d'or prévoit une proportionnalité numérique grâce à laquelle une croissance complexe peut se produire économiquement. Cette économie est due en partie à la simplicité de la multiplication par addition, c'est-à-dire la "proportion d'or" elle-même.

1.5 AUTO-SIMILARITÉ, RYTHME, SIMPLICITÉ, PROPORTION

L'esthétique est définie par le dictionnaire Webster comme "la branche de la philosophie qui fournit une théorie du beau et des beaux-arts". En psychologie, l'esthétique est une branche de la perception concernée par les sentiments d'appréciation de la beauté qui surviennent sans effort et immédiatement au contact de certains objets et sons. En neurosciences, l'esthétique est constituée de cartographies sensorielles qui sont d'une énergie minimale. Il existe de nombreuses théories de l'esthétique, mais toutes ces théories souscrivent à un ensemble commun de concepts géométriques et temporels; à savoir les notions de "**rythme**", "**harmonie**", "**simplicité**", "**proportion**". On associe généralement le terme "rythme" aux arts concernés par la dimension temporelle (par exemple la poésie et la musique). Nous associons la notion de "proportion" aux arts concernés par la dimension spatiale (ex. architecture, peinture, décoration, etc.). Cependant, comme le décrit Ghyka (1977), cette distinction superficielle entre rythme et proportion est une invention récente. Par exemple, les anciens philosophes égyptiens et grecs ne reconnaissaient pas ces distinctions et considéraient plutôt le rythme comme le concept le plus général, qui dominait non seulement l'esthétique, mais aussi la psychologie et la métaphysique. Selon la doctrine pythagoricienne, le rythme et le nombre étaient unifiés, tout dans l'Univers étant organisé selon des rapports de nombres. Platon a formellement développé l'esthétique du nombre de Pythagore en esthétique de la proportion. Par exemple, la technique par laquelle les proportions étaient liées afin d'obtenir la bonne corrélation entre le tout et ses parties était appelée par les architectes grecs "simplicité de symétrie". Le résultat obtenu lorsque cette technique a été correctement appliquée a été "l'eurythmie" de la conception et du bâtiment. Pour les Grecs, l'architecture n'était pas seulement "une musique figée, mais une musique vivante" (Ghyka, 1977). Dans les temps modernes, un processus fondamental appelé "auto-similarité" a été découvert comme étant l'une des composantes de la forme esthétique, comme chez les animaux et les animaux. biologie végétale. Mandelbrot (1982, page 34) a ainsi caractérisé l'auto-similarité: "Lorsque chaque élément d'une forme est géométriquement similaire à l'ensemble, la forme et la cascade qui la génère sont appelées auto-similares."

L'une des proportions rythmiques les plus influentes et les plus simples a été appelée par Pythagore la "Proportion dorée" et par Leonardo Devinchi la "Proportion divine", qui est un nombre irrationnel appelé Phi = 1,618033...... Comme mentionné précédemment, ce n'est pas un nombre trivial. , car c'est le seul nombre dans l'univers par lequel un petit segment de ligne crée le segment de ligne entier ou total. Pythagore a prouvé que la « proportion d'or » est la proportion continue la plus simple. Décrit mathématiquement comme a/b = b/c, ou b2 série de Fibonacci 1/3, 3/5, 5/8, ...

L'esthétique est liée aux sentiments de beauté, de simplicité et d'harmonie. Le sentiment esthétique est puissant. Il détermine les décisions humaines et inspire l'esprit humain à créer des monuments, à tendre vers des idéaux et à réaliser certaines des plus grandes réalisations humaines. Le sentiment esthétique est également fragile et est rapidement remplacé par des émotions basses comme la colère, la peur et les pensées négatives. Une hypothèse principale de ce livre est qu'il existe au moins deux composantes physiologiques et anatomiques principales du sentiment esthétique humain: la première est la neuroanatomie computationnelle des systèmes sensoriels primaires en vertu d'une cartographie logarithmique de la proportion d'or des organes des sens au cortex, avec des retards. environ 250 ms. Deuxièmement, une reprogrammation des informations sensorielles primaires vers les lobes frontaux et le réseau par défaut avec un retard d'environ 1 000 ms est impliquée dans l'appréciation esthétique (Nadal et al, 2008). Cette hypothèse est étayée par les études de Cela-Condé et al (2018) qui soutiennent l'existence de deux réseaux cérébraux séquentiels.

Les figures 3 et 4 sont des exemples de signaux MEG correspondant à l'appréciation des stimuli des participants, regroupés selon des conditions belles et non belles. Le réseau initial est une entrée sensorielle. Ceci est suivi dans le temps par les entrées du cortex frontal, temporal et cingulaire comprenant le "réseau par défaut". Ces réseaux cérébraux particuliers sont séquentiellement liés à l'expérience esthétique car ils se produisent dans des délais spécifiques. Ils donnent lieu à une hypothèse de modèle à deux compartiments. Le compartiment n°1 implique une entrée sensorielle dans le cortex sensoriel primaire et secondaire dans un délai de 250 à 750 ms. Le compartiment n°2 est une réponse retardée dans les lobes frontaux et un réseau par défaut dans l'intervalle de 1 000 ms à 1 500 ms qui donne lieu à une appréciation esthétique.

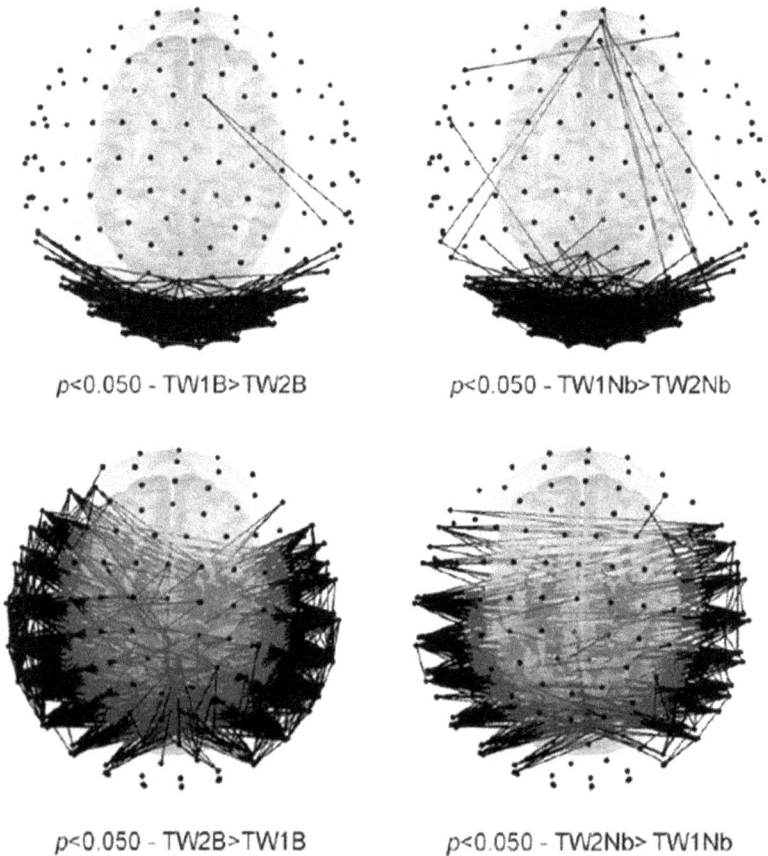

p<0.050 - TW1B>TW2B   p<0.050 - TW1Nb>TW2Nb

p<0.050 - TW2B>TW1B   p<0.050 - TW2Nb> TW1Nb

Fig. 3. MEG signals were split into three time windows and two evaluative conditions. Artifact-free time

windows of 500 ms before stimuli projection were manually extracted for further connectivity analysis, constituting time window (TW0). After each stimulus onset, 1,500-ms artifact-free epochs were divided into two additional time windows: TW1, 250–750 ms; and TW2, 1,000–1,500 ms. The length of the windows was determined by taking into account the time span in which brain activity can reach frontal areas during aesthetic appreciation. Before 250 ms, cognitive processes related to aesthetic appreciation rely mostly on retinal-cortex mapping via the Golden Proportion logarithmic spiral for visual-processing. In turn, MEG signals corresponding to the participants' stimuli appreciation were grouped, constituting the beautiful and not beautiful conditions. Synchronization in Time Window 1 (TW1) and Time Window 2 (TW2) under beautiful (Left) and not beautiful (Right) conditions. From Cela-Condea et al, 2018.

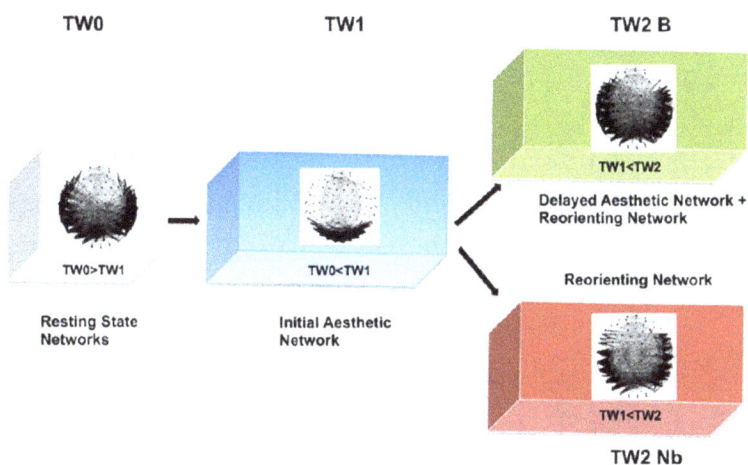

Fig. 4- Dynamique dans l'appréciation de la beauté. Les réseaux TW0 (illustrés par la comparaison TW0 >

TW1) s'estompent pendant TW1, étant remplacés par un réseau similaire partagé par des conditions belles et pas belles (illustré par la comparaison TW1 > TW0 sous la belle condition). Durant TW2, les mauvais stimuli activent un réseau de réorientation bilatéral, alors que les beaux stimuli ajoutent le réseau esthétique retardé, plus médialement placé (dans chaque condition, les réseaux TW2 sont illustrés par la comparaison TW2 > TW1). D'après Cela-Condea et al, 2018.

Il existe au moins quatre composantes cohérentes du sentiment esthétique, révélées dans l'histoire de l'étude de l'esthétique au cours de milliers d'années, notamment : 1- la symétrie, 2- l'harmonie, 3- l'autosimilarité et 4- la synchronie. En partant de ces hypothèses fondamentales, on peut tester l'idée selon laquelle le sentiment esthétique est lié à la correspondance des formes de proportions dorées et des formes de l'anatomie cérébrale, à la forme mathématique des entrées externes comme les couchers de soleil, les fleurs, les feux d'artifice, etc. (Kaplan, 1987 ; Jacobsen et al, 2006 ; Lacey et al, 2011).

La proportion d'or est une forme d'énergie minimale importante qui est représentée en physique, en mathématiques et en neurosciences comme la cartographie en spirale logarithmique des stimuli sensoriels sur les régions corticales primaires du cerveau, entraînant une perception du "moindre effort" et une synchronisation neuronale ultérieure. Des études sur la perception (Efron, 1967; 1970a; 1970b; Allan, 1978) ont montré que la conscience est divisée en "cadres perceptuels" env. D'une durée de 100 ms à 1 000 ms, chaque image perceptuelle contient un minimum de formes d'énergie qui se produisent dans cette image perceptuelle.

J'ai développé ce qu'on appelle les "lois de l'esthétique", dont l'une est celle où les formes externes qui sont les plus simples et les plus adaptées (correspondant aux formes d'énergie minimales dans le cerveau) produisent une sensation esthétique maximale (dopamine et moindre stress, moindre effort). On suppose que l'auto-organisation esthétique implique un principe de "moindre action" de correspondance entre les atomes perceptuellement organisés du cerveau et la convolution temporelle des énergies minimales externes au cerveau.

Le sentiment esthétique agit comme une boussole appelée "Boussole Esthétique" qui oriente nos moments de réflexion et nos décisions. Elle façonne les chemins de nos vies à chaque instant. Cela ne se produit qu'une fois que la hiérarchie des besoins de base est satisfaite et que l'on est calme et non agité. Le sentiment esthétique est un sentiment subtil, bloqué par de forts sentiments négatifs, qui vient immédiatement et qui est agréable. Par exemple, le sentiment esthétique naît sans effort de la perception de quelque chose de "beau", comme une fleur, un coucher de soleil, une étoile, une vague, un sourire, un son produit par la nature ou la musique, etc. Chacun de ces événements partage le sentiment commun de "beauté", qui vient d'abord à l'esprit immédiatement et sans effort et sans réflexion ni investigation consciente. Le sentiment esthétique primaire de la beauté, aussi bref soit-il dans le courant de la conscience, est un sentiment de transformation. Cela peut avoir des effets profonds et durables sur nos actions futures et nos perceptions futures. C'est en ce sens que j'aligne le sentiment esthétique avec le concept de "boussole esthétique". La boussole esthétique peut être visualisée comme un petit et délicat gyroscope tournant qui peut être facilement perturbé par des émotions basses (colère et peur) et aligne délicatement sa rotation dans les moments calmes et les moments de créativité et de plaisir.

Comme expliqué dans le chapitre deux, j'utilise le mot "boussole" pour indiquer que l'on pointe vers la forme mathématique idéale de "l'énergie minimale" telle que définie par le "principe du moindre effort" en physique et l'équation hamiltonienne du mouvement. Ceci est exprimé par la proportion dorée dans laquelle les neurones des lobes frontaux médiaux et le réseau dopaminergique du tegmentum ventral deviennent actifs. Le sentiment esthétique, comme tous les sentiments, a une origine neurophysiologique et les réseaux de dopamine et de récompense et de plaisir sont inextricablement liés et dépendent également de la résonance corticale via la neuroanatomie computationnelle où la proportion d'or est une fonction de transfert.

La Proportion d'Or possède une propriété mathématique étonnante ainsi qu'une propriété neurophysiologique fondamentale qui est liée par la physique de l'univers, ceci est décrit par le domaine de la physique mathématique appelé calcul variationnel et "moindre effort" ou "moindre temps" de cinétique et physique quantique (Feynmann 1963). Par nécessité, ce livre utilisera les équations mathématiques comme langage succinct pour ceux qui s'intéressent aux mathématiques. Pour ceux qui ne maîtrisent pas les mathématiques, les équations seront expliquées et décrites par des mots afin qu'il ne soit pas nécessaire de maîtriser les mathématiques. Les liens conceptuels sont importants, et les mathématiques sont comme un phare ou une lampe de poche que l'esprit humain utilise pour explorer et comprendre les ténèbres et le mystère de l'univers. Des questions telles que: Où suis-je?, Qui suis-je et pourquoi suis-je? sont des questions partagées par tous les êtres humains depuis toujours. La recherche constante de réponses à ces questions est une force motrice dans la psyché humaine, liée à la curiosité, à la volonté d'explorer, d'apprendre et d'éviter le danger, de réduire l'incertitude et de maîtriser l'environnement. Au cœur de cette quête se trouve le "Soi" ou l'identité de soi. Ce processus, tel que décrit par Piaget (1975), commence tôt dans la vie et c'est à partir de là que commence notre récit personnel et la construction de souvenirs élaborés de l'histoire de notre vie à mesure que nous vieillissons. Un réseau dans le cerveau appelé "Réseau en mode par défaut" (DMN) est responsable de cette auto-narration et de la consolidation de la mémoire et de nos expériences de vie. Le réseau par défaut ou DMN est désactivé lorsque l'on assiste à des événements extérieurs à soi (Fox, 2005; Thatcher, 2016). L'autoréférence est également une propriété fondamentale des mathématiques qui s'entend en commençant par les nombres naturels, les nombres que l'on peut compter avec sa main. Nous commençons par le chiffre un ou "unite" qui est la "mère" de tous les nombres. Par exemple, il faut une différence pour qu'il y ait le chiffre deux. Et le chiffre trois est nécessaire pour les proportions des nombres. Mathématiquement, l'auto-multiplication de n'importe quel nombre, à l'exception des nombres 1 et 0, produit une exponentielle. Si un nombre est divisé également par lui-même, une chose surprenante se produit, appelée "nombres irrationnels". En logique, la loi de l'identité est A = A et la loi de contradiction est A ≠ B ou A n'est pas égal à B. Un fait logique important est que l'unité est indivisible, donc la racine carrée de 1 = ±1 et quand on prend le nombre racine carrée supérieur ou inférieur à un, alors une classe de nombres appelés "nombres irrationnels" est produite comme défini par une répétition infinie de nombres à droite de la virgule décimale, par exemple, racine carrée de 2 = 1,4142.... Contrairement aux racines carrées des nombres rationnels, comme les nombres 4, 9, 16, 25, 49,

64, etc qui sont l'unité par un module des nombres naturels (en mathématiques, un module est une généralisation de la notion d'espace vectoriel dans lequel le champ des scalaires est remplacé par un anneau). Les mathématiciens grecs n'ont utilisé que les nombres naturels positifs dans leurs immenses réalisations d'ingénierie et d'architecture, car les nombres irrationnels qui s'étendent à l'infini étaient trop gênants et peu pratiques pour s'en préoccuper. Ce n'est qu'après la mort du Christ que les nombres zéro et négatifs ont été utilisés. Ce n'est que dans les années 1700 que les nombres complexes ont été conceptualisés pour inclure l'ensemble du système numérique, depuis le comptage des nombres, les nombres naturels, les nombres rationnels, les nombres irrationnels et les nombres transcendantaux dans lesquels les nombres négatifs et la racine carrée des nombres négatifs sont calculés en faire tourner la droite numérique. Les Grecs concevaient les nombres en traçant les nombres positifs sur une ligne droite comme une règle étendue à l'infini. La percée conceptuelle dans la création de nombres complexes consistait à faire pivoter la droite numérique radialement autour de zéro par pas de 90 degrés en multipliant par la racine carrée de -1. Ainsi, tous les nombres sont représentés sur un plan bidimensionnel par deux parties, l'une appelée partie réelle et l'autre appelée partie imaginaire. Cela signifie que la multiplication et la division autoréférentielles des nombres deviennent non seulement plus grandes ou plus petites, mais tournent également pour créer des cercles, des spirales et de nombreuses formes courbes. Descartes était en grande partie responsable de la représentation visuelle des nombres complexes et de l'algèbre en général. La vision est une partie importante de la conscience humaine et le mariage des mathématiques et de la géométrie par Descarte a donné naissance à l'étude des réseaux cérébraux visuels humains, entraînant une explosion de la pensée mathématique qui se poursuit aujourd'hui. Soudainement, un nombre relativement restreint de nombres complexes a commencé à réapparaître dans le commerce humain et dans la science; par exemple, le nombre 'e' = 2,71828 . . . en taux d'intérêt, trajectoires de missiles, électricité, magnétisme et calcul.[1]

1.6   POURQUOI LA PROPORTION D'OR EST-ELLE BELLE ?

La proportion d'or est unique car c'est le seul nombre dans l'univers qui est défini sur un segment de droite par la proportion ab/ac : ac/cb, où c est une coupure ou un point

---

[1]   Le nombre mystérieux 'e' est le seul nombre dans l'univers qui soit son propre dérivé, c'est-à-dire le seul nombre qui soit lui-même un pur changement. Ce nombre remarquable a été découvert pour la première fois à l'époque égyptienne lors du calcul des taux d'intérêt des prêts commerciaux. La raison pour laquelle 'e' est sa propre dérivée 1ère est parce que c'est la limite de la série lorsque le nombre un plus un est divisé par un nombre auto-multiplié à l'infini ou la limite de (1 + 1/n)n comme n tend vers l'infini. L'unité n'est pas divisible et 'e' est le nombre produit lorsqu'on tente de diviser l'indivisible en utilisant la régression infinie de la division de l'unité par approximation d'une limite. Il est intéressant de noter que la limite de division de l'unité en elle-même est la dérivée première qui est elle-même définie comme le taux de variation. Autrement dit, l'échec du processus de division de l'unité ne produit que le processus lui-même qui est un taux de changement fondamental et fondamental, c'est-à-dire 'e'. Le nombre 'e' a été utilisé par Euler dans les années 1700 pour créer une fermeture complète de nombres complexes qui a conduit au développement d'une branche des mathématiques appelée "nombres analytiques" et "cartes conformes". Cette branche des mathématiques se poursuit aujourd'hui dans la vision de Descartes consistant à combiner la géométrie avec des nombres complexes dans des cartographies de surfaces, de sphères et d'espaces de dimensions supérieures du cerveau humain. Cette branche des neurosciences est appelée neuroanatomie computationnelle telle que décrite par Schwartz, 1980.

sur la droite ab qui est le nombre irrationnel 0,628. .... Ainsi, c est le nombre d'or de AB (figure 1). C'est la seule section d'un segment de droite dans laquelle le carré du plus grand segment produit le plus petit segment. Autrement dit, a2 = b ou inversement, la racine carrée du plus petit segment produit le plus grand segment, c'est-à-dire . À cet égard, le nombre d'or utilise l'opération symétrique d'« auto-multiplication » pour créer une croissance sans effort chez les êtres vivants, tels que la coquille de tournesol ou d'escargot, etc. Comme mentionné précédemment, la figure 1 illustre la simplicité du nombre d'or et son relation avec la spirale logarithmique et la série de Fibonacci.

De nombreuses expériences psychologiques ont été publiées sur la préférence subjective des individus envers l'un des nombres les plus prééminents de Pythagore: "la proportion d'or". La proportion dorée est souvent appelée la "Proportion Divine". Comme expliqué précédemment, il a été découvert par Pythagore comme une « coupe » ou une section d'un segment de ligne dans laquelle le rapport du segment le plus court au tout est de 0,6218... soit un rapport d'environ 1/3, 3/5, 5/8.

Ce rapport a eu une profonde influence sur l'architecture grecque et sur les découvertes mathématiques de l'Antiquité et des temps modernes. Par exemple, le nombre de Feigenberg en dynamique non linéaire se rapproche de la série de Fibonanci, et le nombre d'or est une expression de la beauté mathématique, comme en témoigne le grand nombre de livres écrits sur la proportion d'or au cours des 100 dernières années. Les premières études scientifiques sur la valeur esthétique de la proportion d'or ont été menées par Fechner en 1876 (Ortlieb et al, 2020; Phillips et al, 2010). Fechner a effectué des milliers de mesures de rapport de rectangles couramment observés, par ex. des cartes à jouer, des fenêtres, du papier à lettres, des couvertures de livres, des dessus de bureau, etc., et j'ai trouvé que le rectangle moyen se rapprochait du nombre phythagorien "Phi" ou de la "Proportion d'Or". De plus, Fechner a testé les préférences esthétiques en présentant diverses formes rectangulaires et en demandant aux sujets de classer ou d'évaluer les formes en fonction de leur "attrait esthétique".

Des études plus récentes ont généralement reproduit les résultats de Fechner et confortent davantage la valeur esthétique de la proportion dorée (Benjafield, 1976; Svensson, 1977; Benjafield et al, 1980; Benjafield et Adams-Webber, 1976; Benjafield et Green, 1978). Svensson (1977) a rapporté que les étudiants en psychologie et en art, lorsqu'on leur demandait de diviser une ligne à l'endroit où les segments de ligne résultants formaient le rapport le plus agréable, produisaient un rapport proche du nombre d'or. Les expériences de Benjafield et al (1980) ont montré que les sujets dessinaient les proportions de 1/2 et le nombre d'or avec moins d'erreurs que 2/3 ou 3/4.

De plus, la Section d'Or a été tirée à l'intérieur, plus fréquemment que dans d'autres proportions. En outre, une élaboration du rôle de la proportion d'or dans les relations interpersonnelles a été récemment présentée par Benjafield et Adams-Webber (1976) et Benjafield et Green (1978). Green (1995) a également publié une revue approfondie de cette littérature scientifique et a conclu qu'il existe de réelles préférences psychologiques associées à la proportion d'or lorsque les études sont menées à l'aide de méthodologies minutieuses.

L'attrait esthétique de la "Proportion d'Or" ne se limite pas aux arts visuels. On le voit dans la musique, l'architecture, les mathématiques ainsi que l'art. Il existe une énorme littérature concernant le rôle de la "proportion d'or" dans de nombreux domaines de ce qui doit être considéré comme un sentiment spécifiquement humain, à savoir le "sentiment esthétique". Par exemple, le rôle de la Proportion d'Or dans la musique est caractérisé comme une accumulation de tension, avec un relâchement de tension ou de résolution d'environ 3/5 ou 5/8 du mouvement avec des variations de cette proportion temporelle au sein de différents thèmes et accords. dispositions.

Le rôle de l'esthétique dans l'architecture inclut le Parthanon grec et les pyramides égyptiennes dans lesquelles la proportion d'or constituait le fondement mathématique de la conception de ces monuments (Ghyka, 1977). Le rôle de la proportion d'or en mathématiques se manifeste dans la fascination et l'utilisation par l'humanité des "nombres transcendantaux" et des "dynamiques non linéaires", qui impliquent toutes deux fondamentalement la proportion d'or.

La simplicité est au cœur d'une grande partie de la créativité et de l'art. Cela donne naissance au "moment esthétique" ou au "sentiment esthétique" que nous ressentons lorsque nous voyons un coucher de soleil, une belle fleur ou une galaxie spirale. Quel est le point commun esthétique entre un coucher de soleil, une fleur et un jet d'eau? La réponse est "simplicité". La simplicité est un lien entre la physiologie du cerveau et les lois de la physique, un type de cartographie atomique et de résonance atomique.

Comme décrit précédemment, l'hypothèse est proposée selon laquelle la base de la préférence esthétique humaine envers la proportion d'or est une correspondance entre les formes d'énergie minimales du monde extérieur et les formes d'énergie minimales à l'intérieur du cerveau. La proportion dorée est l'une des formes d'énergie minimales les plus élégantes et les plus répandues et constitue un bon exemple de la façon dont la simplicité, l'harmonie et les proportions donnent naissance à un sentiment esthétique. L'hypothèse de résonance d'énergie minimale est spécifique et mathématiquement liée à la dynamique non linéaire et au chaos en physique et en biologie. L'un des "noyaux" de la dynamique non linéaire du cerveau et du monde extérieur est la "Proportion d'Or".

La forme mathématique de la proportion d'or donne naissance à une "multiplication par addition" biologique qui confère un "avantage économique" à la croissance et au changement. La Proportion d'Or est la règle générale de "la récurrence des mêmes proportions dans les éléments d'un tout". Sur la base de ces principes et d'autres: **Le Sentiment Esthétique Reflète la Correspondance Entre les Formes D'énergie Minimales des Cartographies Neurophysiologiques du Cerveau et les Formes D'énergie Minimales du Monde Extérieur**".

Plus précisément, un sentiment particulier et général de beauté surgit dans la conscience en raison d'une correspondance physiologique de "moindre effort" entre la proportion d'or de l'anatomie du cerveau et la forme de proportion d'or à l'extérieur du cerveau, en raison du principe unificateur de "moindre action". Cette hypothèse est présentée dans la reconnaissance physiologique de la chimie cérébrale liée aux produits chimiques de "recompense" que sont la dopamine, la noradrénaline, les catécholamines, etc., qui sont souvent libérés en réponse à des événements esthétiquement agréables et que les sentiments de plaisir esthétique peuvent sûrement être libérés par une réaction totale. Formes mathématiques et physiques indépendantes et sans rapport.

Ce n'est pas le but de cet ouvrage d'explorer les bases neurophysiologiques des sentiments généraux de "plaisir" et de "recompense" car ces sujets sont abordés dans de nombreux textes et revues. Le but de cet article est plutôt de se concentrer sur UN seul point très précis "Nombre" très précis (la Proportion d'Or) dans l'Univers et de se demander **"Pourquoi éprouvons-nous du plaisir grâce à ce Nombre"**? On suppose que les substances chimiques du plaisir (telles que la dopamine, la noradrénaline, l'acétylycholine, la sératonine, etc.) sont également impliquées dans la génération de sentiments esthétiques en réponse à la perception de la "Proportion d'Or".

Afin d'explorer la relation entre la « proportion d'or», les formes d'énergie minimales et la chimie du cerveau récompensée, il est nécessaire de revoir brièvement certains concepts mathématiques historiques explorés par les mathématiciens égyptiens et grecs.

1.7 LA SPIRALE LOGRITHMIQUE

La spirale logrythmique est l'une des formes d'énergie minimale les plus courantes observées dans les galaxies spirales, les ouragans, les tornades, le brassage d'une paille dans un liquide, etc. Le cerveau humain inclut également le développement embryonnaire d'une spirale logarithmique d'écoulement de fluide dans la cartographie de la rétine. au cortex visuel, la cartographie de la surface de la peau au cortex sensoriel et la cochlée de l'oreille interne au cortex auditif. Les trois systèmes sensoriels primaires partagent un format de cartographie commun appelé "Carte Conforme" avec la proportion d'or comme fonction de base fondamentale. Par exemple, la rétine est mathématiquement identique à un disque (W) avec une cartographie en spirale logarithmique vers le cortex visuel (Z), où $W = \ln Z$ est appelée "carte conforme". Ici, toutes les valeurs comprises entre zéro et l'infini constituent une cartographie en spirale logrithmique (Schwartz, 1977a; 1977b; Tootle et al, 1982). Une cartographie similaire en spirale logarithmique se produit avec le son et le toucher (Schwartz, 1977a; 1980). Les forces motrices de la boussole esthétique de nos vies sont une correspondance spatiale de la structure du cerveau telle que la proportion dorée donne lieu à un sentiment esthétique subconscient et soudain comme une correspondance instantanée « d'énergie minimale » entre les lois de l'univers et l'univers. cartographies neuroanatomie du cerveau humain.

La correspondance "esthétique" de la forme de proportion dorée des formes, des sons et des schémas temporels externes est un type de neuroanatomie computationnelle incluant la multiplication par addition représentée par l'activation synaptique convergente dans les neurones dopaminergiques et dans les boucles excitatrices qui produisent une potentialisation à long terme (LTP). (Hebb, 1940). Le sentiment esthétique principal est une « récompense » du moindre effort impliquant de la dopamine dans les lobes frontaux médiaux et associée à des émotions telles que "joie", "plaisir", "surprise", "plaisir", "respect", "crainte", "reverence", etc. La "boussole esthétique" est un attribut spécial et élargi du primate humain. C'est cette force directrice du "sentiment esthétique", correspondant à la proportion dorée qui donne naissance à une grande partie de notre comportement subconscient dirigé vers un objectif. Les humains sont naturellement attirés par la "beauté". Notre perception de la beauté entraîne souvent des changements d'objectifs et de perspectives à partir desquels naissent des efforts créatifs et des décisions positives.

NeuroEsthétique

CHAPITRE

2

2

NEUROESTHÉTIQUE

La beauté, quelle qu'elle soit, dans son développement suprême, excite invariablement jusqu'aux larmes l'âme sensible.

Edgar Allan Poe

Je trouve la beauté dans la formation continue du chaos qui incarne clairement le pouvoir primordial de la nature.

Iris Van Herpen

L'art consiste à imposer un modèle à l'expérience, et notre plaisir esthétique est la reconnaissance de ce modèle.

Alfred North W Hitehead

En tant que membre du corps professoral de la faculté de médecine de NYU, j'ai eu la chance de rencontrer Eric Schwartz et George Chaiken, formés en mathématiques et en physique. Nous avons passé du temps tous les trois à examiner des cartes sensorielles qui obéissaient remarquablement aux lois de l'écoulement des fluides et de la topologie, telles que les cartes conformes (c'est-à-dire une fonction mathématique qui préserve l'angle). Dans les mathématiques cartographiques conformes, une spirale logarithmique est comme une coquille d'escargot, la cochlée humaine, une tornade ou un tournesol, etc. qui préservent tous l'angle à mesure qu'ils grandissent radialement (pour plus de détails, voir le chapitre sur la neuroanatomie computationnelle). Par exemple, la cartographie de la rétine sur le cortex visuel est une cartographie conforme en spirale logarithmique ; la cochlée est une spirale logarithmique ; et la cartographie de la surface de la peau vers le cortex somatosensoriel est une spirale logarithmique. Ainsi, il existe un format commun aux cartes sensori-corticales qui, en raison de la forme mathématique du logarithme et des mathématiques de la « proportion d'or », donnent naissance à une neuroanatomie computationnelle en vertu de la cartographie elle-même (Schwartz, 1977a ; 1977b).

La cartographie logarithmique de la rétine sur le cortex, par exemple, fournit une invariance de taille et de rotation qui sont intrinsèques à la cartographie conforme. La forme d'un ordinateur (ordinateur portable ou de bureau) n'a pas d'importance, mais la forme des connexions des fibres, ainsi que les cartographies et re-cartographies dans le cerveau guidées par la dynamique fluide ADN/ARN, le déploiement des formes d'énergie minimales au cours de l'embryogenèse est un aspect fondamental de la fonction cérébrale. La découverte de cartes conformes impliquant la proportion d'or a suggéré un lien entre le sentiment esthétique et la forme des cartes sensorielles-corticales elles-mêmes. Ceci est important dans le domaine des sciences du cerveau, car l'esthétique constitue une partie très importante de l'expérience humaine et représente un sentiment d'appréciation de la beauté qui survient sans effort et immédiatement au contact de certains objets, formes et sons (Chatterjee et al, 2016). L'accent est ici mis sur les concepts de "sans effort" et d' "immédiat". Il apparaît évident que la perception immédiate d'un objet de beauté implique un certain degré d'adéquation entre la forme de l'objet (c'est-à-dire ses propriétés proportionnelles) et la forme de l'organisation sensorielle du cerveau. Les interactions limbiques et réticulaires contribuent au sentiment de beauté, les composantes esthétiques sont analysées corticalement et enfin une "figure de mérite" est attribuée par le système limbique (par exemple, nu. accumbens, amygdale, nu. basalis, etc.).

La Proportion d'Or ou le nombre irrationnel 1,618... a la forme d'une coquille d'escargot ou d'un tournesol ou d'une rose ou d'une chute d'eau qui suscite également une figure de mérite esthétique limbique-corticale car on suppose que les proportions d'or constituent cette classe de objets avec le moindre effort de transduction par le système sensoriel primaire lui-même (Schwartz, 1977a' 1977b : 1980). Le rapport des fréquences de l'électroencéphalogramme humain (EEG) présente également une proportion d'or; en fait, ce rapport semble être critique dans la dynamique de réinitialisation de phase de l'EEG humain. Comme indiqué dans le chapitre III sur l'EEG et l'esthétique, Pletzer (2010) a soutenu que le nombre d'or est le plus irrationnel de tous les nombres irrationnels.

Par exemple, si l'on effectue une transformée de Fourier des chiffres en la séquence de chiffres à droite de la virgule décimale d'un nombre irrationnel (comme la racine carrée de 2 ou la racine carrée de 7), alors on trouve des segments ou des séquences répétitifs de nombres donnant lieu à des pics dans le spectrogramme. Les expériences de Pletzer et al (2010) ont démontré que lorsque les déphasages dans l'EEG sont proches du nombre d'or des fréquences EEG, la probabilité de verrouillage de phase est alors minimale. L'étude de Pletzer et al (2010) conforte en outre la conclusion selon laquelle la complexité et la dynamique sans effort sont des formes d'énergie minimales intrinsèques au couplage multifréquence des rythmes EEG, qui sont importantes pour le sentiment esthétique à un moment donné.

La relation entre les sentiments esthétiques et la "complexité" est souvent définie en termes d' "effort perceptual" (Nadal M. et Chatterjee, 2019). Ce lien entre la complexité d'un objet et l'effort de perception s'accompagne d'un lien similaire entre les mathématiques et la simplicité des lois physiques de l'univers. Par exemple, la fonction logarithme complexe, caractéristique de la structure globale et locale des cartographies sensorielles du cerveau, peut également être utilisée pour décrire la configuration des champs électriques ou magnétiques, la vitesse d'écoulement d'un fluide ou la distribution de un réactif chimique diffusant. La raison fondamentale de ce point commun en termes de développement est que les structures de ce type nécessitent un codage minimal.

Autrement dit, ils représentent les méthodes les plus parcimonieuses et les plus économiques pour contrôler le flux dynamique et, dans le cas de la matière vivante, la croissance de la forme. La nature unificatrice et simple de ces observations indique que leur point commun est en fin de compte une expression du "principe variationnel" ou du principe du "moindre effort" en physique. Ce principe, tel qu'il se reflète dans le calcul des variations, est une description des processus par lesquels la nature trouve le chemin de moindre résistance, qui est la solution de la plus grande élégance, simplicité et parcimonie dans la résolution des forces conflictuelles dans la nature (un coucher de soleil, une fleur, une tornade ou un ouragan).

Les mécanismes de l'esthétique et, peut-être plus généralement, de la perception, peuvent impliquer directement un lien similaire. Dans ce cas, la simplicité et l'effort perceptuel sont l'expression du moindre effort pour la croissance des formes vivantes (la proportion d'or), et celles-ci correspondent à l'expression du moindre effort pour l'évolution de l'univers physique. En d'autres termes, un aspect fondamental du sentiment esthétique humain implique une correspondance entre les lois d'organisation des atomes du cerveau et les lois d'organisation des atomes de l'environnement ou de l'espace extérieur au cerveau. Le principe mathématique variationnel d'Euler-Lagrange et Hamilton est une expression universelle qui s'applique à la matière vivante et à la conscience humaine.

Dans le cas de la conscience humaine, l'entropie négative de la décharge synchrone de millions de neurones liée au temps présent et adaptée ou non à la mémoire et aux attentes du futur implique des intervalles de temps de 80 à 300 millisecondes. Ces intégrales sont des états d'énergie minimale séquentiels. Un autre facteur est qu'un processus neuronal fondamental est la réinitialisation et le réalignement de phase de milliards de neurones, qui se produisent sans dépense nette d'énergie. Ainsi, le recrutement à grande vitesse d'un grand nombre de neurones est en soi une forme d'énergie minimale.

2.1   PROPORTION D'OR ET CARTOGRAPHIES SENSORIELLES DU CERVEAU

"La question de l'écran de cinéma cortical, populaire au début, discréditée par la suite... et à nouveau défendue, n'est toujours pas d'actualité. résolu. Bien entendu, la présence de ces zones de projection organisées topographiquement ne peut pas être un simple accident. Outre la rétine et la surface du corps, la feuille réceptrice de la cochlée trouve également une représentation dans plusieurs regions du cerveau. Quelle signification pouvons-nous leur attacher?"

(Somjen, 1972)

C'est un fait bien établi que les neurones issus des surfaces sensorielles du corps (par exemple la rétine, la peau ou la cochlée de l'oreille) se projettent de manière ordonnée vers leurs zones réceptrices primaires respectives dans le cortex. Cette projection ordonnée des surfaces sensorielles périphériques vers le cortex est appelée cartographie topographique du cerveau. Au début des années 1900, ces cartes topographiques étaient considérées comme présentant un intérêt physiologique dans les processus de perception et de sensation.

Cependant, jusqu'en 1977 environ, cette vision était tombée en défaveur, en grande partie parce que, jusqu'en 1977, aucune étude définitive n'avait démontré que la rétention de la forme spatiale d'un stimulus avait une valeur physiologique. En termes simples, la reprogrammation de la représentation périphérique du stimulus sensoriel ne semblait offrir aucun avantage particulier à l'organisme.

Récemment, des recherches ont ressuscité cette question en suggérant un rôle informatique puissant des cartographies anatomiques elles-mêmes (Schwartz, 1977a; 1977b; 1980; 1984; Werner, 1970; Wieman et Chaiken, 1977; Cavanagh, 1978; Tootel et al, 1982). En particulier, Schwartz (1977a; 1977b; 1980) a proposé un modèle mathématique des cartographies sensorielles visuelles qui peut apporter un avantage informatique considérable à la perception visuelle en général. Ce modèle mathématique, basé sur de solides preuves anatomiques, est une carte conforme logarithmique qui utilise la formule de la spirale logarithmique comme fonction de base (c'est-à-dire $r = \alpha e^{k\theta}$).

Dans les sections qui suivent, des preuves de la cartographie logarithmique (c'est-à-dire $r = \alpha e^{k\theta}$) de la périphérie du corps vers le système nerveux central seront présentées pour trois des principales modalités sensorielles (c'est-à-dire la vision, l'ouïe et le toucher). Dans le présent article, l'accent sera mis sur le système visuel; cependant, on soutiendra que les trois modalités sensorielles impliquent une cartographie en spirale logarithmique et que cette cartographie est d'une importance fondamentale pour la perception et pour les mécanismes cérébraux de l'esthétique. En outre, on soutiendra qu'une "métrique esthétique" peut en théorie être développée, qui relie l'ampleur du sentiment esthétique au degré de correspondance entre les propriétés géométriques du monde physique (en utilisant la proportion d'or comme fonction de base) et les propriétés géométriques du monde physique. propriétés des systèmes sensoriels du cerveau (qui utilisent également la proportion d'or comme fonction de base).

2.2   CARTOGRAPHIE VISUELLE RÉTINO-CORTICALE

Un bref résumé sera donné ici des formalités mathématiques présentées par Schwartz (1977a, 1977b, 1980). Un concept important dans la carte rétinotopique est le concept de "facteur de grossissement" introduit initialement par Daniel et Whitteridge (1962). Le facteur de grossissement cortical est la distance sur le cortex visuel qui correspond à la distance parcourue par un point lumineux à la surface de la rétine. Cette quantité peut être exprimée par l'équation: m = k/r, où k est une constante, r représente l'excentricité en degrés par rapport à la fovéa et m est le grossissement en millimètres/degré. Le grossissement cortical est une quantité différentielle. Cela signifie qu'un petit changement dans la position corticale est lié à un petit changement dans la position du champ visuel.

Polyak (1941) fut le premier à suggérer, sur la base de l'anatomie du cortex visuel, qu'il devait exister une projection mathématique de la rétine sur le cortex. Talbot et Marshall (1941) ont confirmé cette hypothèse avec des données physiologiques. Cependant, il a fallu attendre les recherches approfondies de Daniel et Whitteridge (1961) pour qu'une source de données précises et quantitatives soit disponible. Daniel et Whitteridge ont découvert que le facteur de grossissement cortical est le même dans tous les rayons, quelle que soit la coordonnée angulaire, c'est-à-dire qu'il est le même dans toutes les directions. Schwartz (1977a) a étudié en détail les propriétés des études de Talbot et Marshal (1941) et de Daniel et Whitteridge (1961). Il a conclu qu'une description simple et précise de la carte visuelle rétinotopique était fournie par une fonction analytique dont la dérivée est radialement symétrique et proportionnelle à 1/r. La seule de

ces fonctions est le logarithme complexe illustré à la figure 5:
ou W = ln Z.

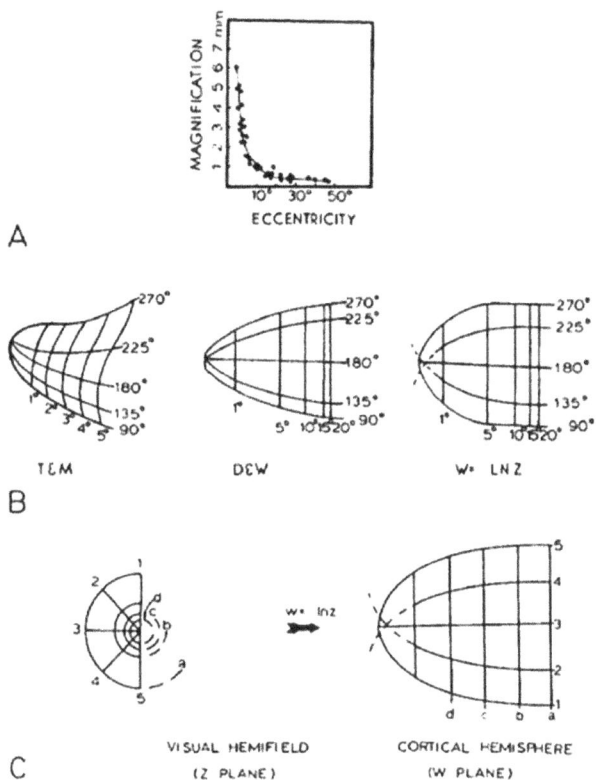

Fig. 5- A. Les données de grossissement cortical de Daniel et Whitteridge. À travers les points est dessiné le meilleur ajustement aux données pour une loi de puissance. B. La cartographie mesurée et prédite des repères visuels dans le cortex strié. Les méridiens verticaux supérieur (90°) et inférieur (270°), le demi-méridien horizontal (180°), les octants (135° et 225°) et les cercles d'excentricité constante sont dessinés tels que mesurés par Talbot et Marshall, ainsi que Daniel et Whitteridge.

Les données de Talbot et Marshall, à gauche, ne montrent pas l'espacement (logarithmique) correct entre les lignes d'excentricité constante; parce que leur expérience était la mesure pionnière de ces données. Les données de Daniel et Whitteridge sont beaucoup plus précises et sont affichées au centre. Il s'agit d'une projection, sur un plan horizontal, d'un modèle tridimensionnel ; les méridiens et les octants sont également espacés, comme ils le sont dans la prédiction théorique de ces cartographies sous la cartographie conforme logarithmique. La prédiction théorique, à droite, représente en réalité un méridien vertical infiniment décalé par rapport à l'origine ; sinon, la partie incurvée du contour serait en réalité un angle droit. Le méridien horizontal est une moyenne d'une ligne infinitésimale au-dessus et en dessous du méridien horizontal précis. Avec ces réserves qualitatives, il existe une grande similitude entre les données et la prédiction théorique des données sous la cartographie logarithmique. C. La cartographie rétinotopique globale sous la fonction logarithme. Des cercles concentriques (espacés de manière exponentielle) et des lignes radiales sont cartographiés sur la grille cartésienne équidistante du cortex. Notez que la densité (dérivée) des lignes espacées de manière exponentielle donne une dépendance linéaire sur l'excentricité ; ceci est observé comme une mise à l'échelle linéaire de la taille du champ récepteur dans le plan visuel, avec une taille constante (hypercolonne) dans le cortex (d'après Schwartz, 1977a).

Les fonctions analytiques ou mappages conformes sont définis de plusieurs manières équivalentes (Ahlfors, 1966), dont Schwartz souligne deux. La première est que le facteur de grossissement à proximité d'un point de la rétine est indépendant de la direction. Daniel et Whitteridge (1961) ont montré que cela est vrai, en se basant sur leurs découvertes selon lesquelles la valeur du facteur de grossissement reste constante, quelle que soit la direction dans laquelle la tache lumineuse se déplace sur la rétine. Une deuxième exigence pour une fonction analytique est que la direction et l'amplitude des angles locaux soient préservées (Ahlfors, 1966). Ainsi, dans une carte conforme de la cartographie rétino-corticale, un ensemble de lignes résultant en un angle droit sur la rétine entraînera également des lignes qui se coupent à angle droit dans le cortex. Un angle particulier sur la rétine est retenu, grâce à la cartographie conforme logarithmique, de sorte qu'il est représenté localement dans le cortex même s'il existe une distorsion importante à l'échelle globale. Ce fait a permis à Schwartz (1977a) d'affirmer que l'opération informatique d'invariance de taille et d'invariance de rotation est une propriété intrinsèque du système de projection rétinotopique.

La fonction conforme logarithmique implique essentiellement une cartographie d'un disque sur un rectangle comme le montre la figure 6. Comme on peut le voir, les lignes radiales de la rétine sont représentées dans le cortex par des lignes horizontales parallèles, tandis que les cercles concentriques de la rétine sont représentés dans le cortex par des lignes verticales parallèles. Comme mentionné précédemment, la formule de la spirale logarithmique $r = Ae^{k\theta}$ génère des lignes droites et des cercles aux limites extrêmes de $r = Ae^{k\theta}$ (c'est-à-dire lorsque $\theta = 0$ et lorsque $\theta = \infty$), tandis que la spirale logarithmique est générée pour toutes les valeurs comprises entre 0 et infini.

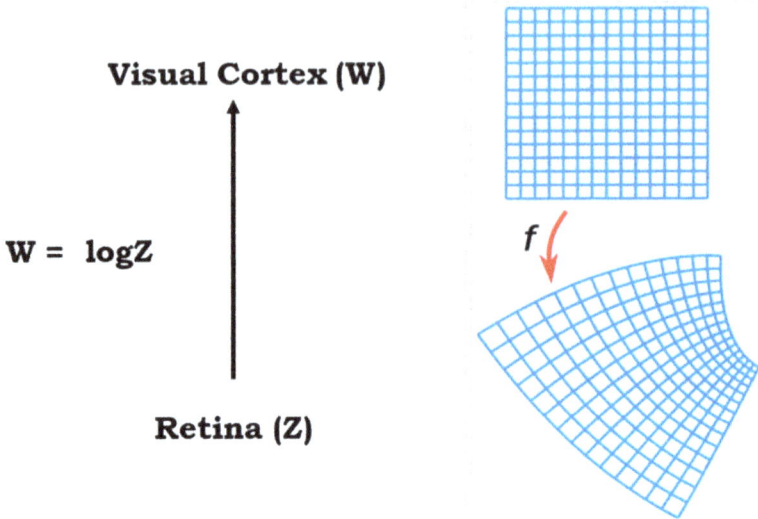

Visual Cortex (W)

$W = \log Z$

Retina (Z)

Fig. 6 - Une grille rectangulaire (en haut) et son image sous une application conforme f (en bas). On voit que f mappe des paires de lignes se coupant en 90^0 à des paires de courbes se coupant encore en 90^0. Cette figure illustre également la carte conforme d'un disque (rétine) à un rectangle (cortex visuel) où les angles sont préservés entraînant une déformation de l'espace. La déformation spatio-temporelle de la lumière par les planètes et les galaxies est également décrite mathématiquement par des cartes conformes. Depuis https://en.wikipedia.org/wiki/ Conformal_map

La figure 7 résume les propriétés géométriques de la carte conforme chez différentes espèces. La figure 8 montre une série d'ajustements graphiques de la fonction logarithmique complexe de la cartographie de la rétine au cortex pour plusieurs espèces différentes de singes et pour le champ visuel supérieur du chat. Cette fonction analytique unique et simple s'adapte bien aux données expérimentales de diverses espèces. Bien entendu, on suppose que les données humaines, une fois acquises, seront similaires à celles des primates non humains.

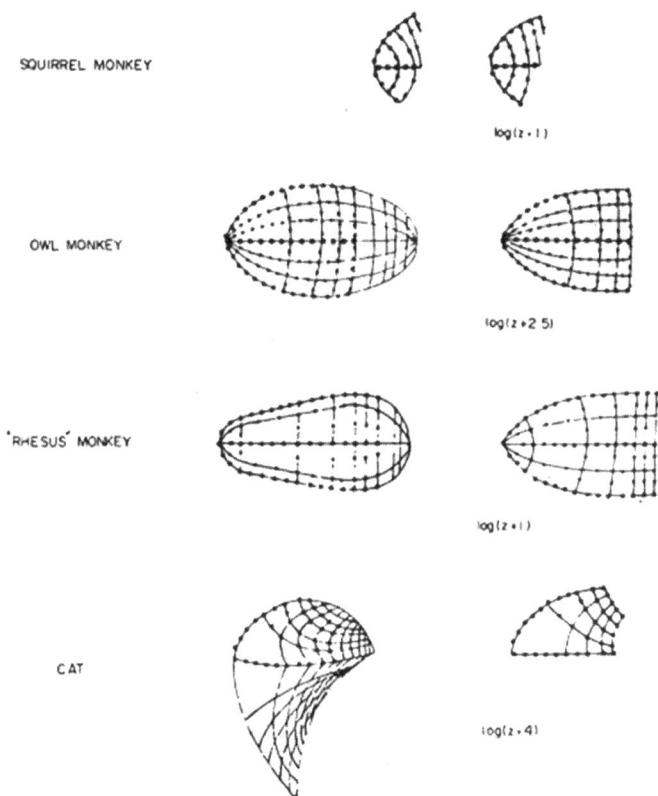

Fig. 7 Une série de cartographies conformes de logarithmes complexes générées par ordinateur qui fournissent le meilleur ajustement (visuel) aux cartographies rétinotopiques (cortex strié) publiées chez un certain nombre d'espèces de primates, ainsi que chez le chat. Les cartographies expérimentales

sont affichées dans la colonne intitulée "experience" et les cartographies logarithmiques complexes dans la colonne intitulée "théorie". Seuls les 20-40⁰ centraux sont présentés dans les cartes théoriques, et les zones correspondantes des cartes expérimentales ont été soulignées par les symboles graphiques suivants: les cercles marquent la projection du méridien vertical, et les carrés marquent la projection du méridien horizontal. Chez le chat, il apparaît que l'approximation logarithmique complexe est assez bonne pour le champ visuel supérieur, comme indiqué, mais ne parvient pas à représenter le champ visuel inférieur. Pour la carte du singe "rhesus" (Daniel et Whitteridge, 1961). la carte expérimentale a été dessinée comme une "projection orthogonale", plutôt que comme une "carte plate", comme c'est le cas pour les autres données. Ceci explique l'absence de courbure des cercles d'excentricité constante (comparer avec la carte du singe-hibou (Allman et Kaas, 1971), ou avec les cartes théoriques. De plus, dans ce travail, un mélange de différentes espèces de primates, en plus. des singes rhésus ont été utilisés, bien qu'une seule carte ait été publiée ; ce fait est reconnu par l'utilisation des guillemets (c'est-à-dire "rhesus"). En résumé, cette figure démontre qu'il est possible de fournir une approximation analytique simple du global. des cartographies rétinotopiques d'un certain nombre d'espèces différentes, en termes de forme générale du logarithme complexe d'une fonction linéaire des coordonnées du champ visuel (Cowey, 1964), seuls les 40 centraux de la carte corticale ont été publiés. sous forme de carte plate, cependant, le facteur de grossissement du singe écureuil et du singe rhésus a la même forme fonctionnelle (d'après Schwartz, 1980).

Le tableau I explique la géométrie de la cartographie conforme logarithmique.

Tableau I

Log z	=	W
1. Concentric circles (exponentially spaced)		Vertical lines (equally spaced)
2. Radial lines (equal angular spacing)		Horizontal lines (equally spaced)
3. Logarithmic Spirals ($G = Ae^{k\theta}$)		Inclined straight lines Slope = 1/k; intercept = -log A/k

Tableau I- Les trois motifs géométriques sur la gauche sont les lignes de niveau, ou lignes de courant, de la cartographie conforme logarithmique. Les mappages W de log z sont décrits à droite.

La figure 8 illustre comment les cercles concentriques dans le plan Z (rétine) correspondent aux lignes verticales dans le plan W (Cortex), tandis que les lignes radiales dans le plan Z (rétine) correspondent aux lignes horizontales dans le plan W (Cortex); et enfin une spirale logarithmique dans la rétine est représentée dans le cortex par une ligne droite oblique.

Z Plane

W Plane

A

B

C

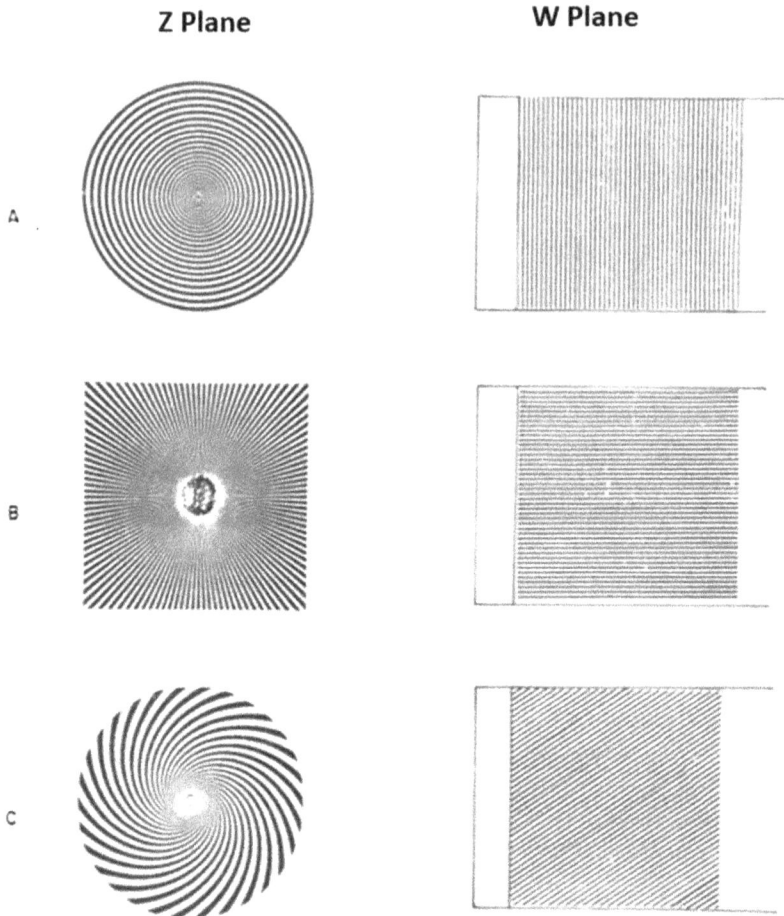

Fig. 8 - Les modèles de gauche (A, B, C) sont des exemples de stimuli complémentaires de MacKay (A) et (IS) sont complémentaires tandis que (C) est complémentaire d'une spirale logarithmique de "manité" opposée. Les images de ces stimuli, sous la carte w = log(r) sont présentées à droite. Le cercle central (singularité de la fonction logarithme) est omis dans chaque cas et, en fait, est omis des figures de MacKay en raison des limites du processus d'impression. Cette figure indique que les grilles rectilignes parallèles [ou de *manière équivalente, les réseaux sinusoïdaux) sont associées aux grilles de MacKay, via la cartographie logarithmique. Les stimuli de la grille à gauche sont des modèles propres typiques de la transformée de Mellin-Fouier. Il est clair que les images rémanentes complémentaires de MacKay ont une relation de dose dans le plan cortical. D'après Schwartz, 1980.*

La figure 9 est une simulation graphique des propriétés géométriques de la cartographie logarithmique complexe. en termes d'une série de déformations d'un matériau "plastique" imaginaire.

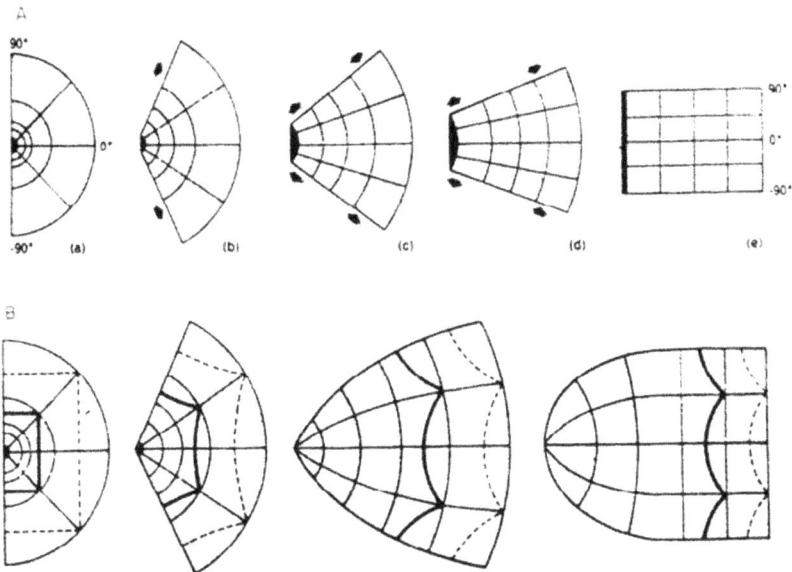

Fig. 9 Simulation graphique des propriétés géométriques de la cartographie logarithmique complexe. en termes d'une série de déformations d'un matériau « plastique » imaginaire. En haut à

gauche, un "radix" logarithmique est dessiné. Dans les figures (b) à (e), ce radex, qui peut être identifié avec la rétine ou le champ visuel, est déformé en douceur de sorte que son état final, (e), représente la cartographie logarithmique complexe du radex. Les cercles concentriques espacés exponentiellement de (2) ont été tracés en parallèle. lignes verticales équidistantes ; les rayons de (2) ont été cartographiés en lignes horizontales parallèles et équidistantes. Le cercle noir central de (a) a été étiré dans la bande noire de e). Ce cercle noir représente la singularité de la fonction logarithme. Dans la partie inférieure de la figure, la singularité est supprimée en utilisant comme fonction de cartographie log (1 + Z). Cette cartographie est assez similaire au logarithme, sauf en Z = 0, où elle est finie. La figure montre également la déformation d'un grand et d'un petit carré. sous cette cartographie. On voit que le changement de forme induit par le mapping est exactement de nature à rendre les images finales identiques, en taille et en forme. Une propriété similaire s'applique à la rotation. C'est la base des propriétés de pseudo-invariance de la cartographie logarithmique complexe discutée dans le texte. D'après Schwartz, 1980.

La figure 10 est une illustration de la manière dont un grand et un petit carré sur la rétine seraient transformés grâce à la cartographie conforme sur la rétine en deux formes identiques dans le cortex. On voit sur cette figure que les formes des deux carrés restent les mêmes bien que leur taille soit différente.

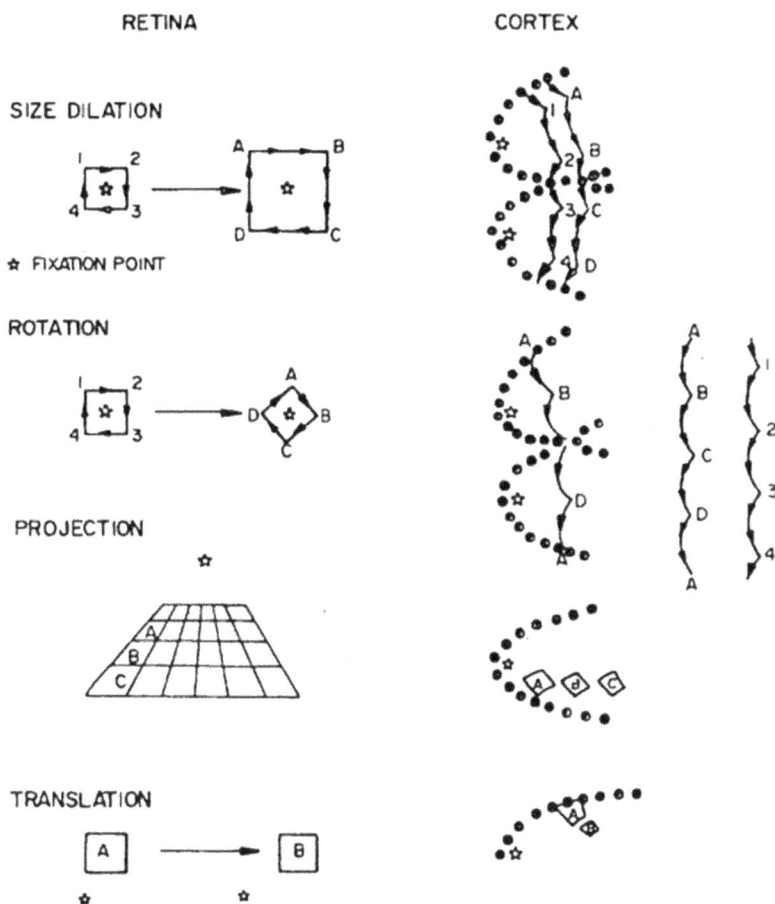

Fig. 10 Propriétés de transformation de la fonction logarithme complexe, sous taille, rotation et translation. En haut à gauche sont représentés deux stimuli: un grand et un petit carré. Le point de fixation est représenté par une étoile. A droite se trouve la cartographie sous la fonction log (z + 1) de ces deux stimuli. Les carrés sont supposés sous-tendre 2⁰ et 4° du champ visuel. Il est clair que les images corticales de ces stimuli para-fovéolaires, qui diffèrent en taille de 100 %. sont essentiellement similaires en taille et

en forme. (Les images corticales gauche et droite ont été rassemblées sur la droite.) Une propriété similaire est présentée pour la rotation ci-dessous. La taille et la rotation, dans le plan logarithmique complexe, sont converties en décalage, comme décrit dans le texte. Cette propriété constitue la base des applications récentes de la cartographie logarithmique complexe dans la reconnaissance informatique et optique des formes. La figure montre également la « projection » d'une grille rectiligne, l'étoile représentant la fixation. La cartographie corticale est suggérée à droite, indiquant que la symétrie de projection, qui est dans ce cas un cas particulier de symétrie de taille, est également « normalisée » par le logarithme complexe. Cela suggère que la variante de taille radiale flux de stimuli visuels, pendant le mouvement. peut être converti en rectiligne. flux invariant de taille au niveau du cortex, pour certaines conditions de mouvement relatif de l'observateur et du stimulus. Enfin, au bas de la figure, la traduction est affichée. Les images rétiniennes sont déformées en taille et en forme par la carte corticale, bien que les angles locaux soient préservés. en raison de la propriété conforme de la cartographie (d'après Ahlfors, 1966 ; Schwartz, 1977a).

Toutefois, leurs positions relatives sur la rétine seraient légèrement différentes. Notez que la cartographie du plus grand carré sur le cortex est légèrement décalée vers la droite du plus petit carré. Cette propriété des formes invariantes pour différentes tailles a été suggérée par Schwartz (1977a) pour fournir la base du phénomène perceptuel de "l'invariance de taille".

Des preuves expérimentales supplémentaires à l'appui de cette cartographie particulière sont fournies par les études d'Allman et Kaas (1974) sur le cortex visuel secondaire du singe hibou. Leurs données sont reproduites dans la figure 11. Il ressort clairement de cette figure que l'image corticale, sous une ligne droite traversant la surface de l'aire corticale visuelle II, est un motif en spirale de champs récepteurs, et que la cartographie image cette cartographie en spirale sur un ligne droite selon la cartographie conforme logarithmique.

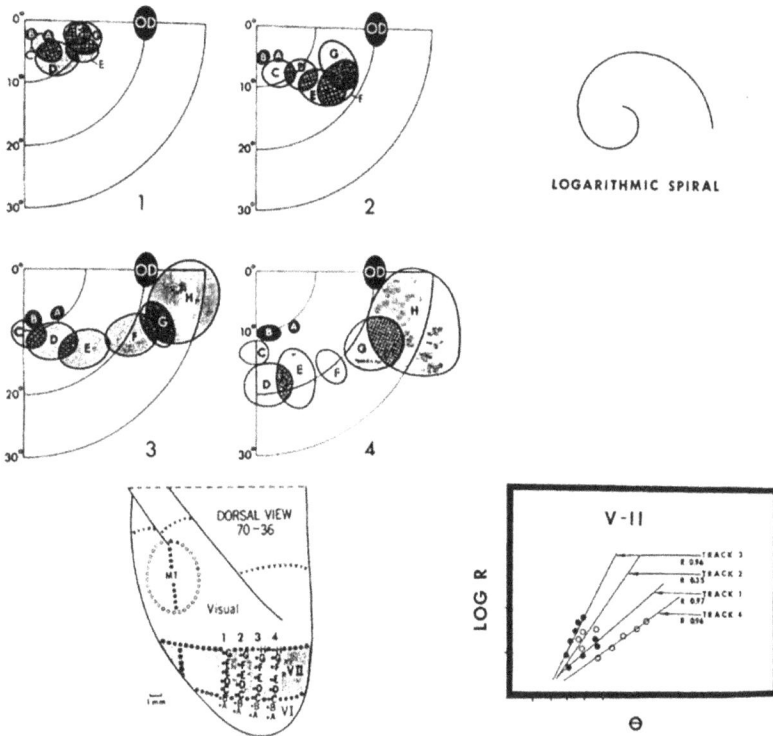

Figure 11- À gauche sont réimprimées les données d'Allman et Kaas montrant leurs résultats pour la mesure de la taille et de la position du champ réceptif, correspondant aux lignes droites traversant *la zone visuelle secondaire du singe. Les cartes de périmètre étiquetées 1,2,3 et 4 correspondent aux emplacements anatomiques indiqués dans la partie inférieure de la figure. À droite, un exemple de spirale logarithmique. Au-dessous de la spirale se trouve un tracé semi-logarithmique de la position radiale des centres du champ récepteur par rapport aux positions angulaires correspondantes. L'hypothèse selon laquelle ces trajectoires de champ récepteur se situent le long de spirales logarithmiques équivaut à l'hypothèse selon laquelle ce tracé semi-logarithmique devrait être linéaire. Les coefficients de corrélation linéaire pour le meilleur ajustement (moindres carrés) à une ligne droite sont présentés dans la figure. Les mesures ont été faites directement à partir de la figure d'Allman et Kaas (1974).*

Récemment, Tootell et al (1982) ont testé directement le formalisme de Schwartz (1977a) dans une étude radioactive du 2-désoxyglucose de la cartographie du cortex visuel des primates. Dans cette étude, des singes ont d'abord reçu une injection de 2-désoxyglucose radioactif, puis ils ont été stimulés avec des cercles logarithmiquement espacés et des rayons équiangulaires. Après environ 20 minutes de fixation visuelle, les singes ont été sacrifiés et le cerveau retiré pour déterminer les zones de radioactivité maximale dans le cortex visuel. Le modèle de cartographie conforme logarithmique prédit que les cercles espacés logarithmiques et les rayons équiangulaires sur la rétine se projettent selon un motif approximativement rectangulaire au niveau du cortex visuel. La figure 12 montre les résultats des découvertes de Tootell et al, dans lesquelles un ajustement remarquablement bon à ce modèle a été observé. Les caractéristiques grossières de la carte conforme logarithmique sont dramatiquement évidentes dans l'article de Tootell et al (1982) (voir fig. 12 - 14).

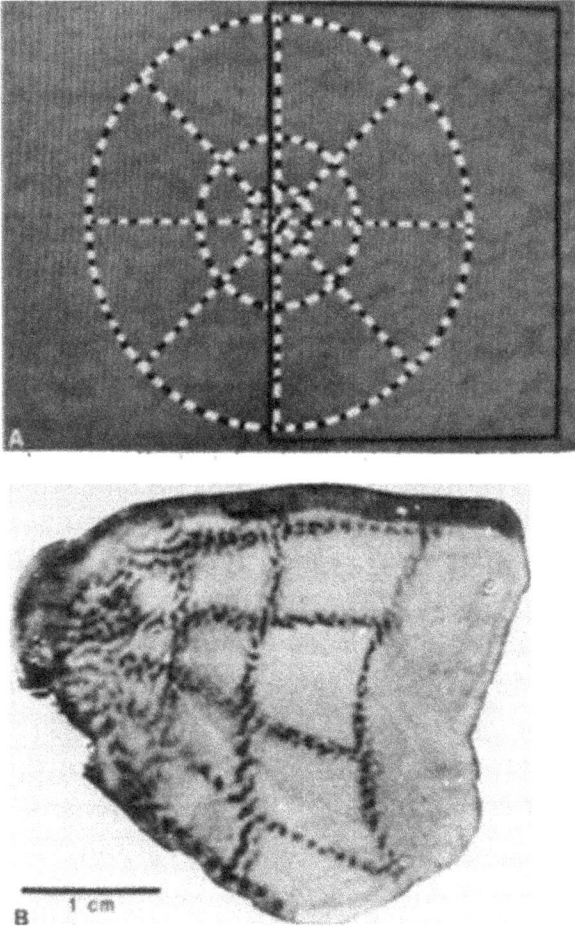

Fig.12- (A) Un des stimuli visuels utilisés. Le rectangle noir plein entoure la partie du stimulus visuel qui a stimulé la région du cortex strié illustrée en (B). (B) Modèle d'activation cérébrale. Produit par le stimulus visuel montré en (A), comme l'a révélé 2DG. Il s'agit d'une autoradiographie d'une seule coupe de tissu

montée à plat (principalement des couches 4B et 4C). Environ la moitié de la surface totale du cortex strié du macaque est visible.

2.3 STRUCTURE GÉOMÉTRIQUE LOCALE DES HYPERCOLONNES CORTICALES

Une propriété d'imbrication informatique et esthétique importante est que la carte globale en spirale du journal cortical est récapitulée dans les colonnes d'orientation du cortex visuel. Une caractéristique commune de la proportion d'or est que la cartographie rétino-corticale présente des propriétés récursives exquises et élégantes qui peuvent être utilisées pour décrire la cartographie locale des lignes au sein d'une "hypercolonne". Schwartz (1977a; 1977b; 1980) a montré que cette propriété est démontrée par le fait qu'une hypercolonne est composée de 12 à 18 colonnes d'orientation, dont chacune est adaptée à une orientation spécifique de ligne dans le champ visuel. Les colonnes d'orientation présentent la propriété de "régularité de sequence" dans laquelle chaque colonne d'orientation est réglée sur une plage angulaire de 10 à 15 degrés, les colonnes successives représentant 180 degrés complets d'espace visuel. En d'autres termes, les lignes radiales rétiniennes qui s'étendent sur 180 degrés dans l'espace visuel sont mappées sur un rectangle de dalles ou de colonnes corticales. Cette cartographie de la rétine "locale" au cortex local est représentée sur la figure 13. Sur la figure 13, on peut voir qu'un stimulus linéaire présenté dans une organisation en colonnes locales concaténées équi-angulaires est intégré dans l'organisation globale des hypercolonnes corticales. Les étapes linéaires sur la rétine seront mappées à des colonnes équidistantes dans le cortex. Cette analyse indique qu'il existe une économie ou une parcimonie de forme puisque les règles de développement qui sont responsables de façonner la structure globale du cortex sont également suffisantes pour spécifier la structure locale de la carte corticale (Schwartz, 1977b).

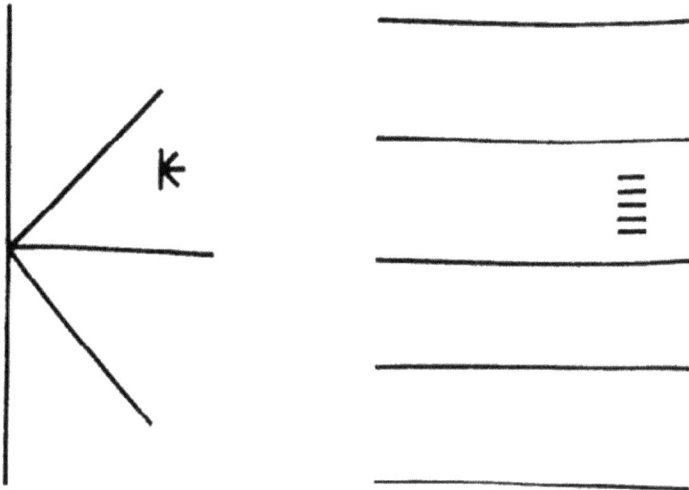

VISUAL FIELD CORTEX

Fig. 13- Structure géométrique locale et globale du cortex en termes de graphique simple. Cette figure représente le fait que, à l'échelle mondiale, des rayons angulaires égaux sont cartographiés sur des lignes (approximativement) parallèles et espacées de qua1 dans le cortex (comme dans les figures 1 et 2). Cette propriété géométrique se répète à l'échelle locale, puisque des pas angulaires égaux dans l'orientation des bords dans la carte visuelle tenue vers des dalles parallèles et espacées de manière égale dans le cortex. Il s'agit simplement d'une déclaration de la propriété de régularité de séquence du modèle hypercolonne de Hubel et Wiesel (1974). La propriété géométrique de cartographier des rayons équiangulaires sur des dalles parallèles est la signature caractéristique de la cartographie logarithmique complexe (Schwartz 1977a). Ainsi, le cortex peut être considéré comme une carte logarithmique complexe et concaténée. La géométrie de l'ensemble se répète dans le petit. Cette image du cortex constitué d'environ 3 000 cartes logarithmiques complexes (hypercolonnes), disposées selon un motif logarithmique complexe global, suggère que le système rétino-cortical pourrait être décrit comme un œil composé logarithmique. Tiré de Schwartz, 1977a.

De plus, tous les avantages fonctionnels associés au mappage logarithmique complexe sont disponibles aux niveaux local et mondial. La structure concaténée est fréquemment observée en biologie, partout où un organisme est constitué d'un certain nombre de parties similaires et dans laquelle le développement des parties répète plus ou moins exactement le développement de l'organisme entier (c'est-à-dire la structure gnomique). Dans ce contexte, la spirale logarithmique qui décrit la carte rétinino-corticale est une simple expression d'une loi commune de croissance biologique.

2.4 AVANTAGES INFORMATIQUES DE LA CARTOGRAPHIE LOGARITHMIQUE

Les avantages fonctionnels de la carte corticale sensorielle en spirale logarithmique sont importants pour comprendre la pertinence biologique, la simplicité et l'économie de la spirale de proportion d'or en termes de perception visuelle. Parmi les avantages potentiels figurent: 1- l'invariance de taille, 2- l'invariance de rotation, 3- la compression de l'information, 4- la perception de la profondeur, 5- la perception de la forme, 6- les illusions visuelles et 7- les comparaisons inter-sensorielles (Schwartz, 1980). Tous ces avantages de la perception sont une conséquence des propriétés intrinsèques de la carte conforme logarithmique. Chacun de ces domaines est examiné en détail par Schwartz (1980; 1984).

Il est remarquable qu'un modèle unique et relativement simple puisse être utilisé pour résoudre un ensemble de problèmes de perception visuelle. Plusieurs prédictions directement issues de ce modèle ont déjà été confirmées. Par exemple, au moment du premier article de Schwartz, il n'existait aucune preuve de l'existence de neurones accordés pour la disparité binoculaire (voir Hubel et Wiesel, 1974). Cependant, Poggio et Fischer (1977) ont confirmé qu'ils existaient bel et bien et qu'ils étaient harmonisés à environ 0,05 degré comme l'avait prédit à l'avance Schwartz (1976). Une deuxième prédiction de Schwartz (1977b) était que le rapport entre la longueur d'une hypercolonne corticale et sa largeur devrait être d'environ 0,28. Cette prédiction quantitative très précise a également été confirmée (Strykker et al, 1977). Une troisième prédiction concerne l'hypothèse selon laquelle près du centre de la fovéa ($z = 0$), le motif de la colonne d'orientation est affaibli, en raison de la singularité près de z = 0. Au moment où ce modèle a été proposé (Schwartz, 1977a), il existait aucune preuve d'affaiblissement du réglage de l'orientation n'est disponible. En fait, les données de Hubel et Wiesel (1962 ; 1974) suggèrent des bandes continues de colonnes d'iso-orientation.

Cependant, plus tard, Hubel et Livingstone (1981) ont rapporté que près du centre des colonnes de dominance oculaire individuelles, il existe un déficit notable de réglage de l'orientation. Cette observation est en bon accord avec le modèle conforme logarithmique. Enfin, en 1982 (Tootle et al, 1982), des études par tomographie par émission de positons (TEP) du cortex visuel humain ont confirmé une autre prédiction de Schwartz, à savoir que les cercles de la rétine correspondent aux lignes droites du cortex visuel, ce qui est une carte conforme en spirale logarithmique.

2.5   CORTEX SOMATOSENSORIEL

Les neurones de la périphérie cutanée se synapsent d'abord dans la moelle épinière et les noyaux graciles ou cunéiformes avant de remonter via la voie lemniscale médiale de la colonne dorsale jusqu'au thalamus et au cortex. La périphérie cutanée est représentée par une représentation cartographique du corps, vue depuis les neurones du gyrus post-central du cortex cérébral (S-1). C'est ce qu'on appelle la "carte somatotopique". La nature mathématique conforme de la carte somatotopique a été révélée par Werner et Whitsel (1968) qui ont mesuré la projection de lignes droites de cellules du cortex (S-1) à la surface des membres. Ils ont découvert que "les champs récepteurs des neurones progressent essentiellement en bandes autour du membre, un peu comme le faisaient les lacets des chaussures d'un soldat romain... la somme totale de tous les champs récepteurs représentés dans toute traversée médiolatérale de la carte corticale décrit un chemin continu en "spirale" (c'est moi qui souligne) autour du member".

Cette observation, couplée au fait que la taille des champs récepteurs cutanés augmente linéairement avec la distance du point distal du membre (Mountcastle, 1957), indique que la cartographie somatotopique prend des lignes droites dans le cortex jusqu'à des spirales logarithmiques dans la périphérie cutanée. . Werner et Whitsel (1968) affirment en outre que pour les trajectoires rostro-caudales à travers la surface de S-1, "la séquence de champs récepteurs décrit des trajectoires circulaires autour du member". Comme indiqué précédemment, les descriptions ci-dessus sont celles d'une cartographie conforme logarithmique pour le système sensoriel somatotopique, la carte étant centrée sur le point distal du membre.

En résumé, les parallèles entre les cartes visuelles et somatiques sont: 1- la taille du champ récepteur pour les cartes visuelles et somatiques évolue linéairement avec la distance du point distal de la surface réceptrice; et 2- les lignes droites dans la représentation corticale correspondent aux trajectoires du champ récepteur qui sont des cercles concentriques, des spirales logarithmiques ou des lignes radiales. De plus, la représentation motrice du cortex est elle-même une image miroir de la représentation somatotopique. Comme le déclare Schwartz (1977a), "Ainsi, les cartes visuelles, somatotopiques et motrices de la représentation corticale primaire peuvent être décrites, au moins approximativement, par la même fonction mathématique : le logarithme complexe" qui est une spirale logarithmique comme les Galaxies, les Tornades. et des coquilles d'escargots.

2.6   CARTOGRAPHIE CORTICALE AUDITIVE

L'une des structures géométriques les plus esthétiques du corps est la "cochlée" (située dans l'oreille interne) qui présente une structure en spirale logarithmique. Von Bekesy (1953) a développé une théorie spatiale de l'audition dans laquelle l'information temporelle (fréquence) était représentée en termes de distribution spatiale des fréquences dans la membrane basilaire de la cochlée. Des analyses biophysiques ultérieures ont montré que les modèles d'ondes, impliquant la dynamique des fluides dans la cochlée ainsi que dans la membrane basilaire, se combinent pour coder la fréquence en fonction de l'espace. Les études de Honrubia et Ward (1968) montrent que dans la cochlée, le point de sensibilité maximale, indiqué par des mesures électriques, présente un déplacement spatial en fonction du logarithme de la fréquence.

Des études par microélectrodes du cerveau du chat (Merzenich et al, 1975), de l'écureuil (Merzenich et al, 1976) et du singe (Merzenich et Brugger, 1973) indiquent que la carte tonotopique corticale est essentiellement logarithmique. L'étude de Romani et al (1982) a utilisé des techniques neuromagnétiques pour obtenir une mesure à haute résolution de l'activité dipolaire dans le cortex humain, provoquée par différentes fréquences de stimuli auditifs, et a découvert que la carte tonotopique humaine du cortex est logarithmique.

La valeur fonctionnelle d'une telle carte tonotopique logarithmique peut être liée au fait que la différence de fréquence à peine perceptible dans la bande passante de 500 à 5 000 HZ représente un pourcentage fixe de la fréquence. En d'autres termes, un invariant est calculé par la transformée logarithmique de telle sorte que la décrémentation la moins perceptible du logarithme de la fréquence soit une constante indépendante de la fréquence. De plus, si nous supposons que les neurones du cortex auditif ont une largeur et une densité uniformes, alors la carte logarithmique tonotopique implique que le même nombre de neurones dans le cortex sont dédiés à chaque changement d'octave de fréquence. Ceci est un autre exemple de simplicité et de dynamique énergétique minimale.

2.7   ESTHÉTIQUE ET RÉSEAU DE PLAISIR

Kawabata et Zeki (2004) ont utilisé l'IRMf pour évaluer si certaines zones du cerveau sont spécifiquement sollicitées lorsque les sujets regardent des peintures qu'ils perçoivent comme belles, quelle que soit la catégorie de la peinture (c'est-à-dire s'il s'agit d'un portrait, d'un paysage, d'un tableau). nature morte ou composition abstraite). Ils ont conclu :

> *"Les résultats montrent que la perception de différentes catégories de peintures est associée à des zones visuelles distinctes et spécialisées du cerveau, que le cortex orbito-frontal est différentiellement engagé lors de la perception de stimuli beaux et laids, quelle que soit la catégorie de peinture, et que la perception de stimuli comme beaux ou laids mobilise différemment le cortex moteur."*

Vous trouverez ci-dessous des exemples d'activités neuronales entraînant des modifications du flux sanguin du cerveau dans différentes régions du réseau cérébral ou régions d'intérêt qui sont également connues comme des centres de réseau, tels que le réseau frontal orbital pour les beaux stimuli, par rapport au cortex moteur pour les stimuli dégoûtants et laids. Une conclusion est que les images et les expériences laides et dégoûtantes entraînent des actions motrices d'évitement ou de répulsion. En revanche, de beaux stimuli activaient les lobes frontaux ventral et orbital avec des connexions limbiques mais aucune activation ou évitement moteur. Salimpoor et al (2013) ont utilisé l'imagerie par résonance magnétique fonctionnelle pour étudier les processus neuronaux lorsque la musique acquiert une valeur de récompense dès la première fois qu'elle est entendue. Le degré d'activité dans les régions striatales mésolimbiques, en particulier le noyau accumbens, pendant l'écoute de musique était le meilleur indicateur du montant que les auditeurs étaient prêts à dépenser pour de la musique inédite dans un paradigme d'audition. Il est important de noter que les cortex auditifs, l'amygdale et les régions préfrontales ventromédiales ont montré une activité accrue lors de conditions d'écoute nécessitant une évaluation, mais n'ont pas prédit la valeur de la récompense, qui a plutôt été prédite par l'augmentation de la connectivité fonctionnelle de ces régions avec le noyau accumbens, à mesure que la valeur de la récompense augmentait. La figure 14 illustre comment cela indique que les récompenses esthétiques découlent de l'interaction entre les circuits de récompense mésolimbiques et les réseaux corticaux impliqués dans l'analyse et l'évaluation perceptuelles.

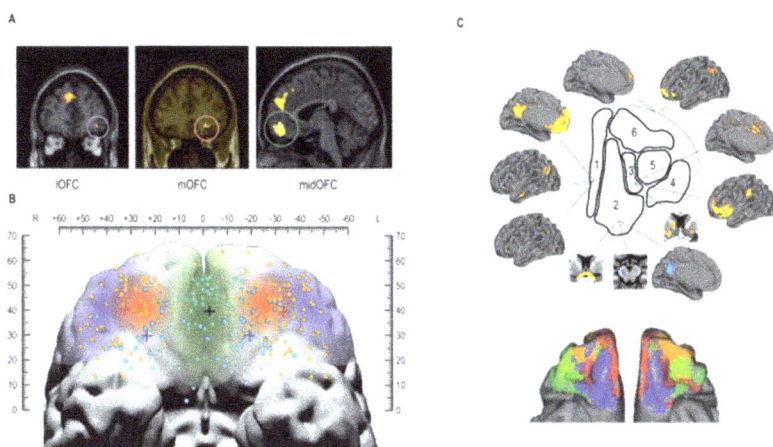

Fig. 14- Codage hédonique dans le cortex orbitofrontal humain (OFC) Chez l'homme, le cortex orbitofrontal est une plaque tournante importante pour le codage du plaisir, bien qu'hétérogène, où différentes sous-régions sont impliquées dans différents aspects du traitement hédonique. A) Les investigations en neuroimagerie ont révélé une activité différentielle des récompenses en fonction du contexte dans trois sous-régions : l'OFC médial (mOFC), l'OFC médio-antérieur (midOFC) et l'OFC latéral (lOFC). B) Une méta-analyse d'études de neuroimagerie montrant une activité liée à la tâche dans l'OFC a démontré différents rôles fonctionnels pour ces trois sous-régions. En particulier, le midOFC semble coder au mieux l'expérience subjective du plaisir comme la nourriture et le sexe (orange), tandis que le mOFC surveille la valence, l'apprentissage et la mémoire des valeurs de récompense (zone verte et points ronds bleus). Cependant, contrairement au midOFC, l'activité du mOFC n'est pas sensible à la dévaluation des récompenses et peut donc ne pas suivre aussi

fidèlement le plaisir. En revanche, la région lOFC est active lorsque les punisseurs imposent un changement de comportement (triangles violet et orange). De plus, la méta-analyse a montré un axe postérieur de complexité de récompense tel que des récompenses plus abstraites (telles que l'argent) engageront davantage de régions antérieures vers des récompenses plus sensorielles (telles que le goût). C) Des recherches plus approfondies sur le rôle de l'OFC sur la dynamique spontanée au repos ont révélé des sous-divisions globalement similaires en termes de connectivité fonctionnelle (Kahnt et al., 2012) avec un regroupement hiérarchique optimal de quatre à six régions OFC. Cela comprenait des clusters médial (1), postérieur central (2), central (3) et latéral (4 à 6), ces derniers s'étendant sur un gradient antéro-postérieur (bas de la figure 3B) et connectés à différentes régions corticales et sous-corticales (haut de la figure 3B). Prises ensemble, les activités liées aux tâches et à l'état de repos prouvent le rôle important de l'OFC dans un réseau monétaire commun. Il est également compatible avec un modèle relativement simple dans lequel les zones sensorielles primaires transmettent une identité de renforcement à l'OFC où elle est combinée pour former des représentations multimodales et se voit attribuer une valeur de récompense pour aider à guider les microinjections adaptatives dans les points chauds et froids de NAc. (Points rouges/orange dans le point chaud = > 200 % d'augmentation des réactions "d'amour"; points bleus dans le point froid = 50 % de réduction des réactions d' "amour" au saccharose). Les panneaux montrent des effets hédoniques distincts de la stimulation des opioïdes mu, des opioïdes delta et des opioïdes kappa via des microinjections dans la coque de NAc sur les réactions d' "appreciation" de la douceur. La rangée du bas montre les effets des microinjections d'agonistes mu, delta ou kappa sur l'établissement d'une préférence de lieu apprise (c'est-à-dire des points rouges/oranges dans le point chaud) ou un évitement de lieu (points bleus). Des schémas étonnamment similaires de points chauds hédoniques antérieurs et de points froids suppressifs postérieurs sont observés pour les trois principaux types de stimulation des récepteurs opioïdes. Tiré de Castro et Berridge, 2014.

2.8   FONCTIONNEMENT DE LA CONSCIENCE VS CONTENU

Un défi actuel des neurosciences consiste à comprendre la différence entre le "fonctionnement de la conscience", comme le sommeil et l'éveil, et le "contenu de la conscience" également appelé "qualia", c'est-à-dire les sentiments subjectifs et le monde personnel et subjectif identifiés. comme le soi. Une étude récente de la transition de l'inconscience au propofol à la conscience à l'aide d'un réseau d'électrodes EEG placées directement sur les lobes frontaux référées à un électrocortiogramme (ECoG) a démontré une échelle de temps spéciale qui se rapproche de la proportion d'or (Boussen et al, 2018). Ces auteurs ont utilisé des analyses temps-fréquence pour comparer l'état inconscient (U) du propofol EEG pendant la transition vers l'état conscient (C) de l'EEG après l'arrêt du propofol. L'induction anesthésique pré et post-propofol montre une forte diminution de l'amplitude des hautes fréquences gamma (> 20 Hz) et une augmentation des fréquences basses (par exemple, delta 1 - 4 Hz) ainsi qu'une augmentation du couplage entre les fréquences delta/ thêta et gamma. fréquences au moment où la conscience est perdue (Breshearsa et al, 2010). Le réveil de l'anesthésie est l'inverse du processus d'induction où l'état d'être pleinement conscient et conscient est associé au couplage inter-fréquence réduit des fréquences gamma et des fréquences thêta à travers des réseaux corticaux à grande échelle (John, 2005 ; Lee et al, 2009). Les réseaux de défaut et d'attention sont toujours opérationnels pendant la perte de conscience, ce qui est considéré comme nécessaire pour maintenir la continuité de la mémoire lorsque la conscience est reprise. Cependant, la capacité réduite de mémoire à court terme se prolonge au réveil et la plupart des patients ne se souviennent pas des instructions après leur réveil. C'est pourquoi il est demandé à un parent, un conjoint, un ami ou un tuteur d'être présent lorsque les instructions postopératoires sont données. Les corrélats critiques de la perte de conscience sont une inhibition des neurones thalamiques via des circuits réticulaires-thalamiques, mesurée par un couplage de phase accru entre les fréquences delta (1 à 4 Hz) et gamma (> 20 Hz). La figure 15 montre les changements de synchronisation entre les fréquences croisées entre les fréquences delta et gamma pendant l'induction du proprofénol (perte de conscience) et la récupération (retour de conscience).

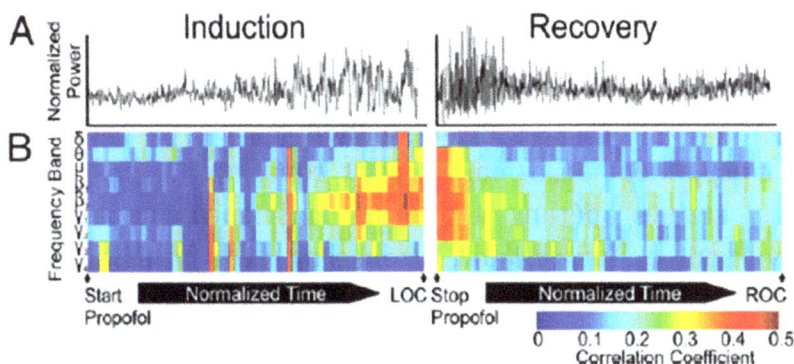

Fig. 15 Tendances de la variabilité et de la covariance des puissances μ, β et γ1 entre sites corticaux distants. (A) Puissance μ, β et γ1 normalisée moyenne d'une électrode exemplaire démontrant une variance accrue pendant l'induction qui diminue lors de la récupération. (B) La corrélation de puissance intrabande moyenne entre les électrodes. La puissance dans les bandes μ, β1–2 et γ1 montre une corrélation croissante pendant l'induction et une diminution pendant la récupération. δ (1 à 2 Hz), θ (3 à 8 Hz), μ (9 à 11 Hz), β1 (13 à 21 Hz), β2 (23 à 35 Hz), γ1 (37 à 45 Hz), γ2 (75 à 105 Hz), γ3 (135 à 165 Hz) et γ4 (195 à 205 Hz). D'après Breshearsa et al, 2010.

Il est important de noter que l'état conscient se caractérise par un décalage de fréquence et un élargissement de la largeur de la distribution spectrale à cette échelle de temps. Une découverte remarquable était qu'il existait une échelle de temps invariante entre l'état inconscient et l'état conscient selon le rapport = 1,62 ou la proportion d'or. Par exemple, la fréquence a augmenté d'un facteur égal à 1,62 ± 0,09 et la variation de la largeur du spectre entre les états U et C a varié dans le même rapport (1,61 ± 0,09). Les auteurs ont accéléré les tracés EEG pendant l'état inconscient d'un facteur approximatif de 1,62 et ont démontré que les tracés EEG correspondent désormais à l'état conscient. Il existe deux états stables opérant pendant la conscience, l'un est l'état conscient et l'autre l'état inconscient et la transition vers l'inconscience implique un ralentissement de la fréquence et un rétrécissement de la largeur du spectre de la proportion d'or ou 1,62.

La figure 16 montre que pendant l'inconscience, il existe une fréquence de résonance d'environ 8,2 Hz et d'environ 18,2 Hz à l'état conscient. L'état conscient est caractérisé par un décalage de fréquence et un élargissement de la largeur de la distribution spectrale qui évolue dans le temps. Une découverte remarquable était qu'il existait une échelle de temps invariante entre l'état inconscient et l'état inconscient et que le rapport entre l'état inconscient et l'état conscient était le rapport = 1,62 ou la proportion d'or. Par exemple, la fréquence a augmenté d'un facteur égal à 1,62 ± 0,09 et le changement de largeur du spectre entre les états Inconscient (U) et Conscient (C) a varié dans le même rapport (1,61 ± 0,09). Les auteurs ont décalé les tracés EEG pendant l'état inconscient d'un facteur approximatif de 1,62 et ont démontré que les tracés EEG correspondaient alors à l'état conscient. Cette étude a également montré qu'il existe deux états stables au cours de la conscience. L'un est l'état conscient et l'autre l'état inconscient, et la transition vers l'inconscience implique un ralentissement de la fréquence et un rétrécissement de la largeur du spectre de la proportion d'or ou 1,62.

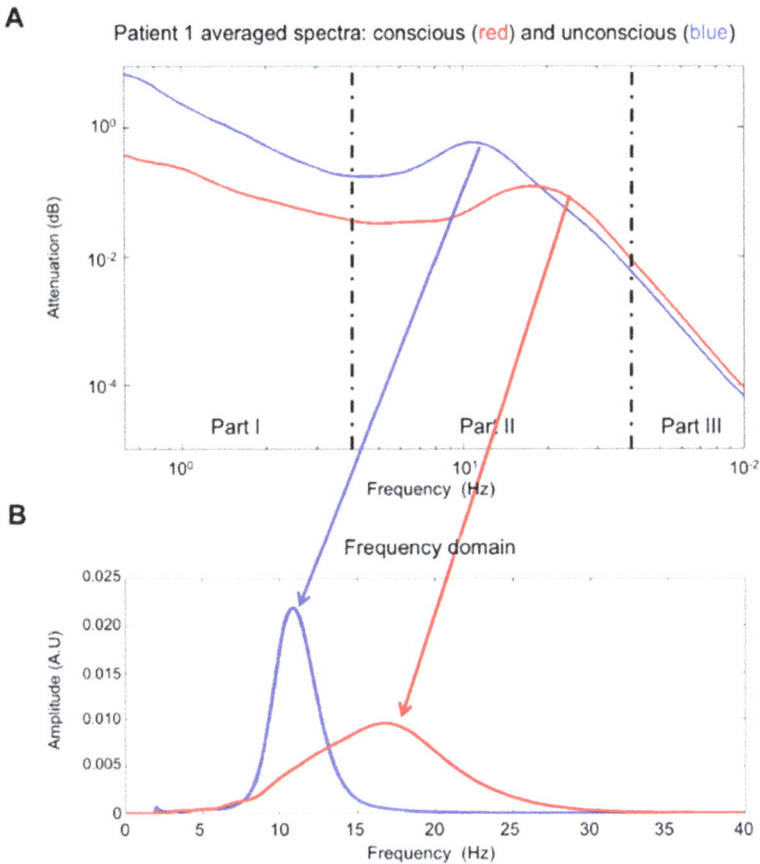

Fig. 16- Fréquence typique de l'ECoG et comportement temporel pendant l'anesthésie et après la récupération. (A) Comportement spectral: enregistrez la densité spectrale de puissance pendant l'inconscience (bleu) et après ROC (rouge). Ces spectres ont été obtenus à partir du même canal EEG enregistré pendant 100 secondes. dans chaque condition. (B) Le spectre se déplace vers 18 Hz et s'élargit lorsque les basses fréquences (bande delta) diminuent la puissance dans la région 4-40 Hz pendant l'inconscience (bleu) et la conscience. (D'après Boussen et al, 2018).

La Boussole
Esthétique

CHAPITRE

3

3

LA BOUSSOLE ESTHÉTIQUE

Le sentiment esthétique commence par la perception subconsciente d'une forme d'énergie minimale.

La simplicité et le moindre effort sont fondamentaux pour l'authenticité et la véracité. C'est pourquoi la boussole esthétique indique la voie dans l'esprit subconscient.

La boussole esthétique est un sentiment esthétique directionnel. Cela implique une dynamique ascendante et descendante des pulsions et des émotions humaines. L'action avec des émotions de base telles que l'envie de bouger, la peur, la colère et les pulsions sexuelles fait partie de la dynamique ascendante.

L'appréciation mentale réflexive de moments précis et de choses telles que la musique, l'art, la science et les mathématiques implique une dynamique descendante. On émettra l'hypothèse que ces deux compartiments de la psyché humaine, c'est-à-dire la "base" et l' "esthétique", représentent deux réseaux dynamiquement coordonnés qui sont des composants phylogénétiquement différents du cerveau humain et du comportement humain. Les émotions de base sont phylogénétiquement plus anciennes dans leurs origines neuroanatomiques et sont en grande partie instinctives et phylogénétiquement invariantes des lézards aux humains. En revanche, les émotions esthétiques de la musique, de l'art, des sciences et des mathématiques impliquent le néo-cortex et le cortex préfrontal qui sont abondants dans l'espèce humaine.

Le sentiment esthétique apparaît dans les périodes de sécurité et de paix, lorsque les émotions négatives les plus basses et les plus fortes telles que la peur et la colère sont absentes. La colère et la peur éteignent la boussole esthétique. Par conséquent, un état plus stable est important pour que l'expression esthétique se produise. Chez les individus mentalement sains, le sentiment esthétique est un sentiment émotionnel plus élevé, propre à l'homme, lorsque des visions créatives et positives de l'avenir se dévoilent et que la profondeur de toutes les émotions peut être exprimée en toute sécurité et socialement. Cette liberté de création est une force positive depuis l'enfance jusqu'à la vieillesse, permettant aux gens de créer de la musique, du rythme, des écrits, des pensées nouvelles, etc. La musique, les mathématiques, l'art, l'athlétisme, etc. sont des formes d'action spatio-temporelles exprimées pour le plaisir. de soi et des autres. La volonté d'appartenir à un groupe est fondamentale pour la santé des humains et les décisions prises en faveur d'une société « plus parfaite » et d'une économie dynamique incluent également un minimum de jugements énergétiques. Plus une solution est simple et efficace, plus la réduction du stress et de l'incertitude est grande, car le choix esthétique nécessite un minimum d'énergie.

La première rencontre positive ou négative avec une personne est basée sur la confiance, qui est également influencée par l'esthétique. Les humains en bonne santé mentale sont socialement perspicaces et plus une personne est authentique et authentique, plus grande est la confiance envers cette personne. La simplicité et le moindre effort sont fondamentaux pour l'authenticité et l'authenticité, c'est pourquoi la boussole esthétique indique le chemin dans l'esprit subconscient (Jacobsen et al, 2006 ; Munar et al, 2012.

La boussole esthétique de nos vies est un sentiment subtil et subconscient, appelé "sentiment esthétique" (Avram, 2015) qui apparaît immédiatement et est orienté vers une direction, qui survient sans effort lors de la perception de quelque chose de beau, comme une fleur, un un coucher de soleil, une étoile, une vague, un son produit par la nature, etc. Chacun de ces éléments suscite ou évoque le sentiment commun de "beauté", qui vient à l'esprit immédiatement et sans effort, sans réflexion ni enquête consciente. Le subconscient implique des régions cérébrales ascendantes qui donnent lieu à une résonance avec les réseaux néocorticaux descendants dans des boucles itératives du cerveau. Le sentiment esthétique primaire, aussi bref soit-il dans le courant de la conscience, est un sentiment de transformation qui a des effets profonds et durables sur nos actions futures et nos perceptions futures.

C'est en ce sens que j'aligne le sentiment esthétique avec le concept de "boussole esthétique". J'utilise le mot "boussole" pour désigner la forme mathématique idéale de la proportion d'or recherchée par nos systèmes sensoriels primaires qui se rapproche d'une correspondance avec la forme de certaines formes externes. Ce sont ces formes qui donnent naissance à un sentiment esthétique, en raison du match lui-même, entraînant un soulagement du stress ou une réduction des tensions psychologiques. Ce sentiment esthétique primaire est une "recompense" du moindre effort d'émotions telles que "joie", "plaisir", "délice", "respect", "crainte", "reverence", etc. qui se rapprochent du principe du moindre effort en physique qui est mathématiquement exprimé comme la proportion d'or en raison de sa forme d'énergie mathématique pure et minimale.

La Proportion d'Or est le seul nombre qui est une section d'une ligne telle que la plus petite partie au carré est égale à la plus grande partie qui est 1,618033.... soit environ 2/3 d'un segment de ligne. Le simple fait d'utiliser ce ratio constitue une énorme économie de forme! Autrement dit, dupliquez simplement la plus petite partie pour créer le tout. Il n'existe aucun autre nombre dans l'univers infini des nombres qui fasse cela.

Le concept mathématique d'énergie minimale est né de l'idée de temps minimal. Le désir des curieux de tester ces concepts a finalement conduit à la physique mathématique moderne d'Euler et de Lagrange et aux équations hamiltoniennes qui sont des expressions directes et fondamentales du concept de formes d'énergie minimales. L' "Univers des formes mathématiques" (UMF) pur de Platon, qui est le concept de formes d'énergie minimale, est fondamental pour la propriété d'énergie minimale des mathématiques. Dans le cas des mathématiques physiques, les formes mathématiques à énergie minimale ont une valeur pratique et appliquée importante, contrairement à l'univers total des formes mathématiques des mathématiques abstraites pures.

Les mathématiques appliquées sont un petit sous-ensemble de l'univers des mathématiques pures, mais elles partagent la même nature platonicienne de vérité logique absolue et de formes d'énergie minimales. Par les principes du conditionnement classique et opérant, chaque humain apprend et ajuste son comportement et ses décisions en fonction de ses sentiments esthétiques. de perceptions immédiates qui se rapprochent des formes d'énergie minimales. Il s'agit d'un attribut particulier du primate humain. La proportion d'or qui donne naissance à ce que j'appelle la "Boussole esthétique", transcende pour inclure également les 95 % restants de l'Univers appelés "énergie noire" (Univers en expansion) et "matière noire" (trous noirs). Les 5 % de l'Univers compris par la physique moderne utilisent toutes les forces de l'Univers qui sont contraintes par les mathématiques de la thermodynamique, de la relativité restreinte et générale et de la mécanique quantique. Toute cette physique mathématique dépend du concept de formes d'énergie minimale.

3.1   EEG ET ESTHÉTIQUE

"Les bandes de fréquences classiques de l'EEG peuvent être décrites comme une série géométrique avec un rapport (entre fréquences voisines) de 1,618, qui est le juste milieu. Nous montrons ici qu'une synchronisation des phases excitatrices de deux oscillations de fréquences f1 et f2 est impossible (au sens mathématique) lorsque leur rapport est égal au juste milieu, car leurs phases excitatrices ne se rencontrent jamais. Ainsi, au sens mathématique, le juste milieu fournit un état de traitement totalement découplé ("désynchronisé") qui reflète très probablement un cerveau "au repos", qui n'est pas impliqué dans le traitement sélectif de l'information. Cependant, les phases excitatrices des oscillations f1 et f2 se rapprochent parfois suffisamment pour coïncider au sens physiologique. Ces coïncidences sont d'autant plus fréquentes que les fréquences f1 et f2 sont élevées. Nous démontrons que le schéma de réunions de phases excitatrices fourni par le nombre d'or en tant que nombre « le plus irrationnel » est le moins fréquent et le plus irrégulier. Ainsi, au sens physiologique, le juste milieu fournit (i) l'état désynchronisé le plus élevé possible sur le plan physiologique. cerveau au repos, (ii) la possibilité d'un couplage et d'un découplage spontanés et très irréguliers (!) entre les rythmes et (iii) la possibilité d'une transition de l'état de repos à l'activité. Tiré du résumé Pletzer et al, 2010.

Comme mentionné dans le premier chapitre, alors que j'étais membre du corps professoral de la faculté de médecine de NYU, j'ai eu la chance de rencontrer Eric Swartz et George Chaiken, formés en mathématiques et en physique. Nous avons passé du temps à examiner des cartes sensorielles qui obéissaient remarquablement aux lois de l'écoulement des fluides et de la topologie, telles que les cartes conformes. Comme mentionné, la cartographie de la rétine sur le cortex visuel est une cartographie conforme en spirale logarithmique, la cochlée est une spirale logarithmique et la cartographie de la surface cutanée sur le cortex somatosensoriel est une spirale logarithmique. Ainsi, il existe un format commun aux cartes sensori-corticales qui, en raison de la forme mathématique du logarithme et des mathématiques de la "proportion d'or", donnent naissance à une neuroanatomie computationnelle en vertu de la cartographie elle-même. La cartographie logarithmique de la rétine sur le cortex, par exemple, fournit une invariance de taille et de rotation qui sont intrinsèques à la cartographie conforme. La forme d'un ordinateur n'a pas d'importance, mais la forme des connexions des fibres, ainsi que les cartographies et re-cartographies dans le cerveau sont un aspect fondamental du fonctionnement cérébral. La découverte de cartes conformes impliquant la proportion d'or a suggéré un lien entre le sentiment esthétique et la forme des cartes sensorielles-corticales elles-mêmes. Ceci est important dans le domaine des sciences du cerveau, car l'esthétique constitue une partie importante de l'expérience humaine et représente un sentiment d'appréciation de la beauté qui survient sans effort et immédiatement au contact de certains objets, formes et sons. L'accent est ici mis sur les concepts de "sans effort" et d' "immédiat".

Il apparaît évident que la perception immédiate d'un objet de beauté implique un certain degré d'adéquation entre la forme de l'objet (c'est-à-dire ses propriétés proportionnelles) et la forme de l'organisation sensorielle du cerveau. Les interactions limbiques et réticulaires contribuent au sentiment de beauté, les composantes esthétiques sont analysées corticalement et une "figure de mérite" émerge du système limbique (par exemple, nu. accumbens, amygdale, nu. basalis, etc.). La Proportion d'Or, un nombre irrationnel 1,618... a la forme d'une coquille d'escargot ou d'un tournesol qui suscite une figure de mérite esthétique limbico-corticale. Les proportions dorées constituent la classe d'objets pour lesquels le système sensoriel primaire lui-même demande le moins d'effort de transduction. Le rapport des fréquences de l'électroencéphalogramme humain (EEG) présente également une proportion d'or, et en fait ce rapport semble être critique dans la dynamique de réinitialisation de phase. Comme le montre la figure 17, Pletzer (2010) affirme que le nombre d'or est le plus irrationnel de tous les nombres irrationnels. Par exemple, si l'on effectue une transformée de Fourier des chiffres à gauche d'un nombre irrationnel (comme la racine carrée de 2 ou la racine carrée de 7), on trouve alors des segments répétitifs ou des séquences de nombres donnant lieu à des pics dans le spectrogramme.

Frequency band		Frequency subband		Peak	Period
Name	[Hz]	name	[Hz]	[Hz]	[ms]
delta[2]	1.5–4	delta1[3]	1–2	1.5	667
		delta2[3]	2–3	2.5	400
theta[2]	4–10	theta1[*]	3–5	4	250
		theta2[3]	5–8	6.5	154
alpha[1]	8–12	alpha[3]	8–12	10	100
beta[2]	10–30	beta1[3]	12–20	16	62.5
		beta2[3]	20–30	25	40
gamma[2]	30–80	gamma1[3]	30–50	40	25
		gamma2[3]	50–80	65	15
fast[2]	80–200	ripples1[*]	80–120	100	10
ripples[4]		ripples2[*]	120–200	160	6.25

Fig. 17- Ratios de pics : delta2/delta1=2.5/1.5≈1.67, alpha/thêta2=10/6.5≈1.54, bêta/alpha=16/10=1.6, bêta2/bêta1=25/16≈1.56, gamma1/bêta2 =1.6, gamma2/gamma1=1.625. Un pic thêta1 (environ 3,5-4 Hz) à la limite inférieure de la large bande thêta compléterait la série géométrique avec des rapports thêta1/delta2 = 4/2.5=1.6 et thêta2/thêta1=1.625. Cela entraînerait deux sous-bandes stables de thêta, comme cela a été démontré pour les bandes bêta et gamma chez l'homme et pour la bande delta in vitro (voir Roopun et al., 2008a, b). Remarque: Relations harmoniques typiques pour les fréquences lentes: Delta/Thêta/Alpha supérieur=3:6:12, Relations harmoniques typiques pour les hautes fréquences: Alpha supérieur/Bêta/Gamma=12:24:36:48. 1 Premier rythme EEG décrit chez l'homme (Berger, 1929). 2 Rythmes rapportés par Buzsaki et Draguhn (2004) à partir de plusieurs enregistrements chez des souris, des rats et des humains. 3 Rythmes stables générés in vitro par Roopun et al. (2008a,b). 4 Oscillations à haute fréquence telles que décrites dans l'épileptogenèse humaine (voir, par exemple, Zelman et al., 2009). D'après Pletzer et al, 2010.

En revanche, la transformée de Fourier des chiffres à droite de la virgule décimale du nombre irrationnel de la proportion d'or est presque plate et sans pics. Les expériences de Peltzer et al (2010) ont démontré que les déphasages dominent le nombre d'or des fréquences EEG et que la probabilité de verrouillage de phase est au minimum. Ainsi, la complexité et la dynamique sans effort sont intrinsèques au couplage multifréquence des rythmes EEG.

La relation entre les sentiments esthétiques et la "complexité" est souvent définie en termes d' "effort perceptual". Ce lien entre la complexité d'un objet et l'effort de perception s'accompagne d'un lien similaire entre les mathématiques et la simplicité des lois physiques de l'univers. Par exemple, la fonction logarithme complexe, caractéristique de la structure globale et locale des cartographies sensorielles du cerveau, peut également être utilisée pour décrire la configuration des champs électriques ou magnétiques, la vitesse d'écoulement d'un fluide ou la distribution de un réactif chimique diffusant. La raison fondamentale de ce point commun en termes de développement est que les structures de ce type nécessitent un codage minimal. Autrement dit, ils représentent les méthodes les plus parcimonieuses et les plus économiques pour contrôler le flux dynamique et, dans le cas de la matière vivante, la croissance de la forme. La nature unificatrice et simple de ces observations indique que leur point commun est en fin de compte une expression du "principe variationnel" ou du principe du "moindre effort" en physique. Ce principe, tel qu'il se reflète dans le calcul des variations, est une description des processus par lesquels la nature trouve le chemin de moindre résistance, ou la solution d'élégance, de simplicité et de parcimonie dans la résolution des forces conflictuelles de la nature (un coucher de soleil, une fleur ou une tornade et un ouragan). Les mécanismes de l'esthétique et peut-être plus généralement de la perception peuvent directement impliquer un lien similaire. Dans ce cas, l'expression du moindre effort pour la croissance des formes vivantes (la Proportion d'Or) correspond à l'expression du moindre effort pour l'évolution de l'univers physique. En d'autres termes, un aspect fondamental du sentiment esthétique humain implique une correspondance entre les lois d'organisation des atomes du cerveau et les lois d'organisation des atomes de l'environnement ou de l'espace extérieur au cerveau. Le principe mathématique variationnel d'Euler-Lagrange et Hamilton est une expression universelle qui s'applique à la matière vivante et à la conscience humaine. Dans le cas de la conscience humaine, l'entropie négative de la décharge synchrone de millions de neurones est le temps lié au présent. Ceci correspond ou ne correspond pas à la mémoire et aux attentes du futur dans des intervalles de temps de 80 à 300 millisecondes, et il s'agit d'états d'énergie minimaux séquentiels. Le processus neuronal fondamental de réinitialisation de phase et de réalignement de phase sans effort de milliards de neurones se produit sans dépense nette d'énergie et le recrutement à grande vitesse d'un grand nombre de neurones est donc en soi une forme d'énergie minimale (Thatcher, 2016).

3.2   SECTION D'OR ET PRINCIPE VARIATIONNEL

La discussion qui précède fournit une base pour une discussion sur le rôle de la proportion d'or dans ce que l'on peut appeler les postulats d'une "économie de la complexité". Mais il faut d'abord définir le terme "économie". Le dictionnaire Webster la définit comme "la gestion prudente ou économe des ressources". Curieusement, une définition très similaire s'applique à la physique et aux lois de la nature. Par exemple, en physique, l'économie est définie par le "principe variationnel" ou le "principe du moindre effort". Il s'agit d'un principe naturel selon lequel les lois de la physique suivent la voie du moindre effort ou de la moindre énergie. Pythagore (vers 530 avant JC) a introduit ce concept lorsqu'il a révélé les lois fondamentales de l'acoustique. Aristote (384 - 322 av. J.-C.) a avancé ce point en introduisant les concepts de simplicité, d'économie et de moindre effort dans les sciences naturelles grâce à l'application d'une exigence d' "hypothèse minimale" pour établir la vérité scientifique, qui exigeait également que les hypothèses soient "simples" et "primaires". À la suite d'Ockham (vers 1300 - 1347), Kepler (1571 - 1630) postula une "métaphysique" basée sur le principe d'économie, de simplicité et de moindre effort, dans laquelle l'univers était "une harmonie numérique mathématico-esthétique et présentant une simplicité surpassée". et unité - "natura simplicitatem amat". L'application mathématique de ces concepts de "simplicité", "d'économie" et de "moindre effort" à la physique fut plus tard formalisée par Leibniz (1646 - 1716) lorsque le concept d'"'économie" devint un postulat qui sert de fondement au développement des concepts de "minimum" et de "maximum" en calcul Leibniz a conceptualisé cela à un niveau personnel lorsqu'il a déclaré :

"L'être parfaitement agissant... peut *être*
comparé à un ingénieur intelligent"
qui obtient son effet de la manière la
plus simple qu'on puisse choisir".

Il existe de nombreux exemples de processus "d'économie d'effort" dans la nature. Ce fait, dans lequel la nature semble faire les choses avec la plus grande économie d'effort, a conduit certains scientifiques et philosophes à attacher une signification religieuse à ce principe et à étendre leurs recherches au domaine des mathématiques. Dans cette veine, Leonard Euler, mathématicien du XVIIIe siècle (1707 - 1783), a développé certains concepts fondamentaux d'une branche des mathématiques connue sous le nom de "calcul des variations". Dans cette discipline, des limites sont imposées à une fonction de manière à fournir une valeur extrême à une intégrale impliquant la fonction elle-même. Avec cette méthode, l'aire ou le volume maximum ou minimum d'une fonction (en fait la somme des différences) peut être évalué sur des intervalles de temps qui se sont révélés plus tard avoir une grande importance en thermodynamique et en théorie de la relativité. En 1788, Lagrange adapte le calcul des variations aux problèmes de dynamique des corps en mouvement et produit des résultats fondamentaux. Le point culminant de ces travaux fut atteint en 1834 lorsque Hamilton annonça le principe qui porte aujourd'hui son nom (c'est-à-dire "l'Hamiltonien") et qui occupe une place unique dans toute la science par son élégance et sa simplicité. L'équation d'Euler-Lagrange et l'équation hamiltonienne sont des descriptions éloquentes et succinctes du fonctionnement de "l'économie d'effort" dans la nature et constituent un élément fondamental de la physique moderne, y compris la théorie de la relativité. Sans elles, l'homme n'aurait pas atteint la lune ni développé les micro-ondes. fours ou ordinateurs. Dans le cas de l'esthétique, les boucles itératives dans le cerveau structurées par la spirale logarithmique et la proportion dorée minimisent la distance par rapport à l'idéal et impliquent une régression vers le résultat le plus efficace à chaque instant.

3.3   L'ADÉQUATION-INADÉQUATION DES "FORMES D'ÉNERGIE MINIMALE" EST UNE BOUSSOLE ESTHÉTIQUE

Comme mentionné précédemment, le concept de boussole esthétique suggère un "guide" ou une "direction" universelle pour l'émotion du "sentiment esthétique". La composante initiale du sentiment esthétique naît d'une adéquation entre la structure physique du cerveau et la structure mathématique "idéale" de l'univers. Il semble étonnant de suggérer qu'un tel "guide" unificateur ou simple puisse exister dans le cadre des règles mathématiques de l'Univers qui régissent simultanément les lois physiques du cerveau, mais cela s'ensuit logiquement. Il sera postulé dans les paragraphes suivants que : La récompense immédiate et la poursuite du sentiment esthétique découlent du moindre effort, d'une correspondance énergétique minimale entre la forme d'un stimulus externe et la forme de la cartographie de ce stimulus externe dans le cerveau. Il s'agit d'un autre exemple de physique mathématique utilisant le principe de moindre action ou moindre effort et d'énergie minimale.

Afin d'explorer cette possibilité, il faut d'abord répondre à une question fondamentale: pourquoi existe-t-il une cartographie énergétique minimale de la proportion d'or des récepteurs sensoriels vers le néocortex du cerveau humain? Une deuxième question, basée sur la validité de la première question: la récompense et la poursuite du sentiment esthétique sont-elles basées sur une correspondance énergétique minimale due à cette cartographie énergétique minimale des récepteurs sensoriels vers le néocortex du cerveau? Pour le moment, acceptons la science examinée précédemment dans laquelle la cartographie neurophysiologique de la rétine au cortex se révèle être une carte spirale logarithmique comme une coquille d'escargot; et de même, que les systèmes somatosensoriel et auditif impliquent la même carte spirale logarithmique. De plus, acceptez que la physique nous dit que de telles cartographies sont des formes d'énergie minimales et qu'il s'agit en fait d'un format courant pour les sens majeurs. Pourquoi est-ce vrai? Quelle est la valeur de survie d'une cartographie Golden Proportion depuis le niveau le plus bas des récepteurs sensoriels jusqu'au niveau le plus élevé du néocortex?

Je voudrais nous ramener aux temps plus simples des anciens Égyptiens et Grecs et considérer une fois de plus le "rythme" dans le contexte de la "proportion" et du "nombre". Par exemple, les notions de périodicité et de proportion, et leurs interactions, peuvent être utilisées pour décrire la succession dans le temps ainsi que les organisations dans l'espace. Comme le définissaient les anciens Égyptiens, "le rythme est dans le temps ce que la symétrie est dans l'espace". Autrement dit, si la périodicité est la caractéristique du rythme dans le temps, alors la proportion est la caractéristique du rythme dans l'espace. Les combinaisons de proportions peuvent provoquer des réapparitions périodiques de proportions et de formes, tout comme dans un accord musical ou dans les notes ou accords successifs d'une mélodie, nous pouvons percevoir un jeu de proportions. C'est cette unification des notions de proportion, de rythme et de symétrie qui a conduit Pythagore à exprimer les intervalles musicaux consonantiques par des rapports simples, c'est-à-dire par des fractions dont le numérateur et le dénominateur sont membres des "tétractes", séries ou 1,2,3,4. Les pythagoriciens ont découvert qu'on pouvait produire des intervalles musicaux "agréables" en divisant une corde vibrante dans des rapports tels que le rapport 1:2 donne une octave, 3:2 donne la quinte et 4:3 donne la quatrième. Des travaux ultérieurs sur l'esthétique de la musique ont révélé d'autres rapports esthétiques tels que la sixième majeure (c'est-à-dire 8/5). En résumé, nous pouvons assimiler, grâce aux mathématiques, les proportions dans le temps et le rythme dans l'espace, aux proportions dans l'espace et au rythme dans le temps.

3.4   LA VALEUR ÉVOLUTIVE DE LA PROPORTION D'OR

La spéculation sur les mécanismes cérébraux de l'esthétique implique de voyager dans des eaux renouvelées. Nous pourrions nous demander "Pourquoi les humains éprouvent-ils des sentiments d'appréciation esthétique"? Dans une veine plus biologique "Quelle est la valeur de survie du sentiment esthétique"? Une réponse partielle peut être trouvée dans l'idée selon laquelle l'homo sapiens se distingue des autres animaux par sa relative indépendance par rapport aux niches environnementales et par sa créativité. Par exemple, le renard du désert est intimement soumis à sa propre niche et n'a que des capacités limitées à modifier l'environnement. En revanche, l'homo sapiens a développé un système nerveux central étendu qui fournit un type d'ordinateur à usage général grâce auquel les humains ont une capacité énorme (mais non illimitée) à modifier et à manipuler l'environnement pour répondre à leurs besoins. Cependant, les humains, avec leur rapport cerveau/corps amélioré et leurs mains et pouces adroits, sont venus au monde sans instructions explicites ni "manuel d'utilisation" indiquant à un individu comment se comporter au mieux dans une situation donnée. Par conséquent, nous pourrions nous demander: comment les individus prennent-ils les bonnes décisions nécessaires pour modifier de manière constructive leur environnement? Comment l'homme sait-il que les éléments dont il dispose, lorsqu'ils sont placés dans le bon rapport et dans la bonne proportion, apporteront une solution correcte à ses problèmes? La réponse est peut-être que lorsqu'il y a une correspondance approximative entre les lois physiques ou mathématiques du "moindre effort" régissant la croissance et le développement dans l'univers et les lois régissant la croissance et le développement du cerveau, alors un sentiment esthétique est rendu possible. Les processus créatifs, idéalistes et surtout "correctifs" par lesquels l'homme construit et développe sa vie et son environnement sont souvent guidés par des sentiments esthétiques.

Cela ne veut pas dire que seules les formes de la proportion dorée suscitent des sentiments esthétiques. Mais le rapprochement de cette forme peut souvent faire partie du processus impliqué dans l'élicitation d'une expérience esthétique.

MODÈLES D'ESTHÉTIQUE

CHAPITRE

3

4

....

MODÈLES D'ESTHÉTIQUE

Les philosophes, les théologiens et les écrivains en esthétique tentent de formuler les bases de l'esthétique depuis plus de 2 000 ans. Un modèle mathématique contemporain de l'esthétique a été formulé par George Birkhoff en 1933. Birkhoff, dans la même veine que Pythagore et d'autres philosophes grecs, soutient que les attributs dont dépend la valeur esthétique sont accessibles à la mesure. Par exemple, Birkhoff soutenait que l'expérience esthétique est composée de trois phases successives :

> "(1) un effort d'attention préalable, nécessaire à l'acte de perception, et qui augmente proportionnellement à ce que nous appellerons la complexité (C) de l'objet; (2) le sentiment de valeur ou mesure esthétique (M) qui récompense cet effort ; et enfin (3) une prise de conscience que l'objet est caractérisé par une certaine harmonie, symétrie ou ordre (O), plus ou moins caché, qui semble nécessaire à l'effet esthétique.

Ceux-ci sont combinés dans la formule de base :

$$M = 0/C$$

qui exprime l'hypothèse selon laquelle la mesure esthétique est déterminée "par la densité des relations d'ordre dans l'objet esthétique". Birkhoff est parti de cette définition de base pour examiner ce qui nous intéresse dans les formes polygonales, les ornements, les vases, les accords et l'harmonie diatoniques, la mélodie et la qualité musicale de la poésie, soulignant qu'ils sont interdépendants. Birkhoff fournit des formules permettant de calculer les valeurs de C et O pour des polygones, des contours de vases, des mélodies et des vers de poésie. Malheureusement, les principes directeurs sont propres à chaque catégorie de matériaux et aucune règle ou principe général n'est développé. Dans les polygones, C est le nombre de lignes droites indéfiniment étendues qui contiennent tous les côtés, et O augmente avec les propriétés de symétrie et d'orientation horizontale-verticale. Dans les vases, C est identifié à un certain nombre de "points caractéristiques" sur lesquels "les yeux peuvent se poser". En musique, C est un nombre de notes dans une mélodie et O dépend de séquences harmoniques mélodiques. En poésie, C est le nombre de sons élémentaires plus le nombre de jointures de mots qui "n'admettent pas de liaison", et O est dérivé de la présence de rimes, d'allitérations et d'assonances. Birkhoff n'a pas développé de principe général pour les concepts d'harmonie, de symétrie ou d'ordre, et n'a pas non plus intégré certains des concepts classiques tels que "l'analogie" dans l'équation. De plus, ce modèle indique que les motifs les plus simples et les plus réguliers auront la plus grande valeur esthétique. Ceci n'est cependant pas cohérent avec l'asymétrie de la proportion d'or ni avec les résultats d'expériences dans lesquelles des sujets devaient juger des polygones sélectionnés parmi ceux illustrés dans le livre de Birkhoff (Davis, 1936 ; Eysenc, 1941).

Berlyne (1971) a présenté une modification intéressante de la théorie de l'information de l'équation de Birkhoff. Selon cette modification C est identifié avec l'incertitude (H) et O avec la redondance (R = (Hmax -H)/Hmax). En substituant ces valeurs dans la formule M = O/C, on en déduit que M = 1/H -1/ Hmax. Malheureusement, cette formulation ne fait rien pour dissiper les critiques antérieures contre le modèle Birkhoff.

Un modèle mathématique d'esthétique basé sur la neurophysiologie a été proposé par Rashevsky en (1938). Les principes neurophysiologiques étaient spéculatifs mais soulignaient le rôle de l'excitation et de l'inhibition réciproques au sein des populations de neurones. La valeur esthétique dépendait de "l'excitation totale nette" transmise à un "centre de plaisir" (emplacement non précisé). Rashevsky a présenté l'argument intéressant selon lequel la symétrie réduit la "complexité effective" et réduit ainsi l'excitation "par soustraction plutôt que par division, c'est-à-dire en ajoutant de l'inhibition". En d'autres termes, il est possible qu'une forme légèrement asymétrique ait une plus grande valeur esthétique qu'une forme purement symétrique comme un carré. Cette relation a suggéré à Eysenc (1942) que l'équation serait la plus conforme aux données expérimentales présentées par Davis (1936) et représentait le mieux la relation

$$M = O \, C$$

entre ordre (ex. répétition, séquence, symétrie) et complexité (effort d'attention). Selon cette équation, la valeur esthétique peut être augmentée par une augmentation de la complexité ou de l'ordre. Cependant, ces deux mesures sont dans une certaine mesure inversement liées et dépendent des échelles précises utilisées. Un problème sérieux avec une formulation multiplicative est que l'ordre et la complexité sont directement proportionnels à la mesure esthétique. Ainsi, à mesure que la complexité diminue, la mesure esthétique diminue. Une telle relation n'est pas cohérente avec la forme de la proportion d'or ni avec les expériences modernes testant les mesures esthétiques (Svensson, 1977 ; Benjafield, 1976 ; Benjafield et Green, 1976 et Benjafield et al, 1980).

4.1   COMPLEXITÉ ET THÉORIE DE L'INFORMATION

La théorie de l'information est née des travaux de Wiener (1948) sur la "cybernétique" (définie comme la science du contrôle et de la communication) et de Shannon (Shannon et Weaver, 1949) sur la "théorie mathématique de la communication". Il a ensuite été utilisé pour résoudre un large éventail de problèmes dans le domaine de la communication et des concepts d'ordre.

$$H = -\sum_{i=1}^{n} = p_i \log_2 p_i$$

La théorie de l'information commence au niveau de la "difference" en traitant tous les modèles ou événements dans l'espace ou le temps comme des "morceaux" d'information. Un bit est une unité de base de "difference" et la théorie de l'information représente une méthode par laquelle les ordres de bits peuvent être distingués et quantifiés. Ce formalisme a été accompli en introduisant d'abord le concept d'«

incertitude » qui peut être quantifiée chaque fois que nous disposons d'un "espace échantillon" d'éléments (signaux intégrés dans le bruit). L'incertitude apparaît dans les situations dans lesquelles un événement doit être sélectionné parmi un ensemble de classes alternatives d'événements. Nous ne savons peut-être pas quel événement se produira, mais nous pouvons énumérer les classes alternatives et attribuer une probabilité à chacune d'elles. La valeur de l'incertitude, en bits, est fournie par la célèbre formule de Shannon, dans laquelle pi est la probabilité que l'événement appartienne à la classe i. Ainsi définie, l'incertitude a deux propriétés importantes : elle augmente avec le nombre de classes d'événements alternatives; et, si le nombre de classes alternatives reste constant, il atteint un maximum lorsque les classes sont également probables.

En termes d'esthétique, on peut affirmer que chaque élément de couleur, de forme, etc., constitue un ensemble particulier sélectionné parmi un ensemble plus large d'alternatives et peut être considéré comme des signaux. Cependant, pour toute forme et style artistique particuliers, l'ensemble parmi lequel chaque élément est sélectionné est limité. Les alternatives qui peuvent se produire dans un endroit particulier constituent un espace échantillon. Leurs fréquences relatives peuvent être calculées et une probabilité associée à chacune d'elles. Par conséquent, chaque emplacement dans une œuvre d'art, qu'il soit spatial ou temporel, peut se voir attribuer une valeur d'incertitude.

La relation entre incertitude et information peut être comprise une fois que le signal attendu est apparu et que l'on sait quelle alternative a été choisie. À ce stade, nous pouvons attribuer une "quantité d'informations". Cette affectation, qui se mesure en bits, sera d'autant plus grande que la probabilité de la classe à laquelle appartient le signal est faible, la formule appropriée étant: $-\log_2 P_i$.

Conformément à cette formule, la quantité d'informations varie entre zéro et "l'infini" tandis que le choix de l'événement en question oscille entre la certitude et l'impossibilité. À cet égard, l'incertitude peut être assimilée à la quantité moyenne ou attendue d'informations, qui peut être calculée avant que le choix ne soit révélé, alors que la quantité réelle d'informations ne peut être spécifiée tant qu'il n'est pas clair quel choix a été fait.

Le concept de complexité concerne l'art, la musique et les mathématiques lorsqu'il est défini par la "capacité de canal limitée" des systèmes sensoriels humains. Comme cela est bien documenté dans la littérature sur la psychologie cognitive, le traitement de l'information humaine a des limites très claires et définissables, avec une capacité de canal d'environ 7 ± 2 (Miller, 1956) éléments par présentation unitaire. Ainsi, les aspects simultanés et successifs de l'information doivent être pris en compte pour comprendre la capacité de perception du système nerveux humain. Une façon d'y parvenir est d'utiliser l'équation

$$K \log_2 x$$

représenter une information véhiculée par une œuvre d'art dans le forme de "bits" temporels et spatiaux ordonnés. Selon cette équation, K log2 x est une métrique de complexité, où K est une constante dont la valeur dépend du nombre de fois successives les éléments sont perçus par unité de temps, et $\log_2 x$ est le nombre de choix indépendants 0 ou 1 représentés simultanément, c'est-à-dire le nombre de fonctionnalités indépendantes pouvant être perçue d'un coup. Ainsi, la "complexité" est liée au nombre de "bits" transmis simultanément et en série sous forme de l'individu perçoit un objet ou une pensée.

4.2 MODÈLE DE RÉDUCTION DES INCERTITUDES ET D'EFFICACITÉ DE L'ESTHÉTIQUE

Les premiers modèles d'esthétique n'ont pas bénéficié des données neurophysiologiques modernes montrant que les surfaces sensorielles primaires du corps correspondent au cortex par une cartographie conforme logarithmique. Par conséquent, aucun accent n'a été mis sur le rôle des cartes sensori-corticales dans la production du sentiment esthétique. Il n'existe pas non plus de compréhension du processus actif de perception dans lequel les modèles de réalité sont continuellement comparés (match-mismatch) aux entrées sensorielles. Dans une formulation améliorée d' "effort perceptual" telle qu'utilisée dans la théorie de Birkoff, j'ajoute les concepts de complexité et de théorie de l'information ainsi qu'une oscillation dynamique autour de zéro par le cerveau humain. Birkhoff définit la complexité comme « un effort d'attention préalable, nécessaire à l'acte de perception et qui augmente proportionnellement à ce que nous appellerons "complexité". Une modification consiste à affirmer que l'effort perceptuel n'augmente pas nécessairement en proportion directe avec la complexité d'un objet. Autrement dit, la perception d'un objet nécessite un processus de cartographie par lequel la forme de l'objet est transformée à travers une carte conforme, et l'accent principal doit être mis sur le résultat de cette transformation ou sur la "représentation interne" de l'objet, en tant que correspondance. et l'inadéquation d'une forme mathématique idéale par rapport à un univers séparé de formes idéales. Le bref intervalle de temps entre l'univers platonicien séparé des formes idéales et la perception humaine est la "mécanique quantique" selon la métrique de la constante de Planc = 10^{-43} secondes.

Les formes qui se rapprochent de la proportion d'or et donc de la cartographie logarithmique en spirale du cerveau devraient entraîner le moins d'effort de perception en vertu de "l'ajustement" de la structure externe à la structure interne. On pourrait s'attendre à une "resonance" ou une "correspondence" entre la forme atomique du monde extérieur avec le moins d'effort et la forme atomique du cerveau avec le moins d'effort. Autrement dit, les cartes sensorielles anatomiques et neurophysiologiques sont des "atomes" organisés spatialement et temporellement et la forme organisationnelle de ces atomes se présente sous la forme de l'idéal mathématique de la "proportion d'o". L'organisation au moindre effort de la physique des atomes est décrite par les équations d'Euler-Lagrange, et l'équation hamiltonienne conduit à des "cercles concentriques", des "lignes radiales" et des "spirales logarithmiques" dans la description de processus cosmiques tels que les "galaxies", "Trous noirs", des conditions météorologiques telles que "Tornades et ouragans", ou un simple processus domestique tel qu'une "vidange d'évier". La proportion dorée est en effet omniprésente dans la nature. Cela expliquerait pourquoi une forme asymétrique telle que la proportion d'or est plus esthétique qu'une forme symétrique et pourquoi la formule M = O/C est déficiente pour prédire que les motifs les plus simples et les plus réguliers ont la plus haute valeur esthétique. Sur la base de ces considérations, la formule suivante est proposée:

$$A = [D]/C$$

Où A est une "mesure esthétique", C est une mesure de complexité et |D| est la distance absolue entre une correspondance de modèle de la proportion d'or dans sa forme idéale et la forme d'un carte sensori-corticale donnée (ou |X phi -X objet| > 0). Ce la relation peut être décrite plus précisément dans les informations termes théoriques:

$$M = g(\theta)/(Klog_2 x)$$

Where:

$$g(\theta) = \int_{-\infty}^{\infty} f(\theta)h(\theta - \delta)d\theta$$

Le numérateur de l'équation est une fonction de corrélation croisée (ou convolution) représentant le degré de correspondance d'une forme $f(\theta)$ externe au corps avec la forme spirale logarithmique $h(\theta)$ dans les cartographies sensorielles du cerveau. Le résultat de la fonction de corrélation croisée $g(\theta)$ est exprimé en termes d'excitation neurophysiologique (par exemple, augmentation du taux de décharge neuronale) qui présente une forme de "courbe d'accord", où plus la forme externe se rapproche de la proportion d'or. alors plus le rendement neurologique est élevé. Le dénominateur de l'équation (K log2 x) est une métrique de complexité (puisqu'il est l'inverse de la complexité, il s'agit en fait d'une mesure de "simplicité"), où K est une constante dont la valeur dépend du nombre d'éléments successifs perçus par chaque élément. unité de temps, et (log2 x) est le nombre de choix indépendants 0 ou 1 représentés simultanément ou le nombre de caractéristiques indépendantes qui peuvent être perçues en même temps. Le rapport de ces deux fonctions (la corrélation croisée avec le cerveau divisée par la complexité d'un objet) donne la mesure esthétique de l'objet. En termes d'ingénierie, la cartographie log-spirale de la surface du corps (en fait les transducteurs sensoriels) sur le cortex sensoriel primaire représente un type de "fonction de transfert" $h(\theta)$, avec l'entrée $f(\theta)$ provenant du monde extérieur et la sortie $g(\theta)$ provenant du cortex sensoriel primaire et se projetant ensuite vers le cortex sensoriel secondaire ainsi que vers d'autres régions du cerveau.

Selon cette formule, la mesure esthétique est directement proportionnelle aux mesures classiques de l'esthétique à savoir: proportion, analogie, ordre et symétrie tout en étant inversement proportionnel à la complexité. Le dénominateur de l'équation ($K \log_2 x$) représente l'ampleur de l'ordre (K) et de la complexité ($\log_2 x$). Le concept central de "l'économie de la complexité" est représenté à travers le rapport entre une métrique d'ordre et de complexité d'un objet, ou d'une forme dans le monde extérieur, et le degré de correspondance que cette forme a avec la proportion d'or dans le système nerveux central. .

Les formes les plus simples et les plus adaptées (avec la forme Golden Proportion du cerveau) donneront une valeur esthétique maximale. Ces concepts sont résumés ci-dessous.

PRINCIPES MATHÉMATIQUES:

1. Série Fibonacci: Une économie de prédiction de l'avenir basée sur le passé.
2. Section d'or: Une économie d'asymétrie géométrique.
3. Golden Proportion: Une économie de forme.
4. Spirale logarithmique: Une économie de croissance et de forme complexes.

PRINCIPES DE NEURO-SENSATION:

1. La cartographie de la rétine au néocortex suit une forme en spirale logarithmique.
2. La cartographie de la surface cutanée vers le néocortex suit une forme en spirale logarithmique.
3. La cartographie de la fréquence sonore sur le cortex suit une forme logarithmique.

PRINCIPES ESTHÉTIQUES :

1. Un sentiment esthétique implique une reconnaissance immédiate et sans effort de la beauté.
2. Le sentiment esthétique est un continuum atteignant son maximum lorsque le degré d'adéquation de la forme externe avec la cartographie logarithmique dorée atteint son maximum.
3. Le sentiment esthétique est le produit de la complexité d'un objet et du degré de correspondance de cet objet avec l'univers mathématique platonicien de forme idéale dans le cerveau.
4. La formule mathématique où M est la mesure esthétique est : $M = g(\theta)/(K \log_2 x)$.

où le numérateur de l'équation est une fonction de corrélation croisée (ou convolution) représentant le degré de correspondance d'une forme externe $f(j)$ avec la forme spirale logarithmique h (j) dans le cerveau. Le résultat de la fonction de corrélation croisée $g(j)$ est exprimé en termes d'excitation neurophysiologique (par exemple, augmentation du taux de décharge neuronale) qui présente une forme de "courbe d'accord", où plus la forme externe se rapproche de l'or.

proportion alors plus le rendement neurologique est élevé. Le dénominateur de l'équation ($K \log_2 x$) est une métrique de complexité (puisqu'il est l'inverse de la complexité, il s'agit en fait d'une mesure de "simplicité"), où K est une constante dont la valeur dépend du nombre d'éléments successifs perçus par unité. temps, et ($\log_2 x$) est le nombre de choix indépendants 0 ou 1 représentés ou perçus simultanément. Le rapport de ces deux fonctions (la corrélation croisée avec le cerveau divisée par la complexité d'un objet) donne la mesure esthétique M de l'objet. En termes d'ingénierie, la cartographie log-spirale de la surface du corps sur le cortex sensoriel primaire représente un type de "fonction de transfert" *h(j)* avec l'entrée *f(j)* du monde extérieur et la sortie *g(j)* provenant du monde extérieur. le cortex sensoriel primaire et se projetant vers le cortex sensoriel secondaire ainsi que vers d'autres régions du cerveau (par exemple, limbique et thalamus). Selon cette formule: *"les formes qui sont au maximum simples et au maximum assorties sont au maximum esthétiques"*.

4.3 ESTHÉTIQUE DES ABSTRACTIONS ET DES VARIATIONS

Comme défini dans l'introduction, la mesure de l'esthétique qui nous intéresse représente un sentiment d'appréciation de la beauté qui survient sans effort et immédiatement lors de la perception de certains objets et sons. L'accent est ici mis sur les concepts de "sans effort" et d' "immédiat". Il apparaît évident que la perception immédiate d'un objet de beauté implique un certain degré d'adéquation entre la forme de l'objet (c'est-à-dire ses propriétés proportionnelles) et la forme de l'organisation sensorielle du cerveau. Bien qu'il dépasse le cadre du présent article d'explorer en détail les contributions limbiques et réticulaires à la conscience et aux sentiments de beauté, il semble que les composantes esthétiques soient analysées corticalement et qu'une "figure de mérite" soit attribuée par le système limbique (par ex. nu. accumbens, amygdale, nu basalis, etc.). Cette figure de mérite esthétique limbique-corticale est chimiquement récompensée par les perceptions de la proportion d'or, car les proportions d'or constituent la classe d'objets pour lesquels la transduction par le système sensoriel primaire lui-même nécessite le moins d'effort. Une extension ou une élaboration de ces concepts peut être réalisée pour tenir compte de niveaux plus élevés et abstraits de sentiment esthétique. Par exemple, si l'on suppose que la correspondance avec la mémoire et les opérations logiques impliquent également des cartographies anatomiques cérébrales qui suivent le PHI, alors une intégrale générale peut être écrite

$$M_f = \int_0^n a_1 M_1 + a_2 M_2 + a_3 M_3 + \dots a_n M_n$$

dans lequel Mf est la mesure esthétique finale, qui est la somme d'étapes en série du traitement cognitif, dont chacune implique un processus de cartographie qui contient la proportion d'or et une pondération spécifique *an* . Ce modèle linéaire peut être modifié pour inclure une rétroaction non linéaire entre les sorties du stade précoce et ultérieur, résultant ainsi en un processus de filtre esthétique dynamique dans lequel les expériences passées et les passions actuelles pondèrent la valeur esthétique d'une expérience à un moment donné. De cette manière, un modèle général peut être développé pour expliquer les sentiments esthétiques secondaires qui nécessitent des processus d'apprentissage et de mémoire.

LES RÉFÉRENCES

CHAPITRE

5

5

....

LES RÉFÉRENCES

Agnati LF, Agnati A, Mora F, Fuxe K (2007) Le cerveau humain possède-t-il des réseaux génétiquement déterminés uniques codant des principes logiques, éthiques et esthétiques? De Platon aux nouveaux réseaux miroirs. Rés. du cerveau Rés. du cerveau Rév. 55(1):68–77.

Ahlfors, L. (1966). "Analyse complexe", New York: McGraw Hill.

Allan, L.G. (1978). Commentaires sur les modèles actuels d'établissement de ratios pour la perception du temps. "Perception et Psychophysique", 24,444 -450.

Allman, J.M. and Kaas, J.H. (1974). L'organisation de la deuxième aire visuelle (V-II) chez le singe hibou: Une transformation du second ordre de l'hémichamp visuel. Recherche sur le cerveau; 76, 247 -265.

Avram, M., Gutyrchik, E., Bao, Y., Pöppel, E., Reiser, M., & Blautzik, J. (2013). Corrélats neurofonctionnels des jugements esthétiques et moraux. Lettres en neurosciences, 534, 128–132. doi:10.1016/j.neulet.2012.11.053

Benjafield, J. (1976). Le "rectangle d'or": Quelques nouvelles données. "Amer. J. Psychol." 89, 737 -743.

Benjafield, J. and Adams-Webber, J. (1976). L'hypothèse du nombre d'or. Br. J.Psychol., 67, 11 -15.

Benjafield, J. and Green, T.R.G. (1978). Relations du nombre d'or dans le jugement interpersonnel. Br. J. Psychol., 69, 25 -35.

Benjafield, J., Pomeroy, E. and Saunders, M. (1980). Le nombre d'or et la précision avec laquelle les proportions sont dessinées. Canad. J. Psychol. Rev. Canad. Psychol., 34, 253 -256.

Berlyne, D.E. (1971). Esthétique et psychobiologie, Appleton Century-Crofts: New York.

Berridge, K.C. and Kringelbach, M.L. (2015). Systèmes de plaisir dans le cerveau. Neurone. 86(3): 646–664. doi:10.1016/j. neurone.2015.02.018.

Birkhoff, G.D. (1933). "Mesure esthétique", Cambridge, Mass: Harvard Univ. Presse.Breshearsa, J.D., Roland, J.L., Sharma, M., Gaona, C.M, Freudenburg, Z.V., Templehoff, R.,

Avidane, M.S. and Leuthardt, E.C. (2010). Électrophysiologie corticale stable et dynamique de l'induction et de l'émergence sous anesthésie au propofol. PNAS, 107(49): 21170-21175.

Brown S, Gao X, Tisdelle L, Eickhoff SB, Liotti M (2011) Esthétique naturalisante : zones cérébrales pour l'évaluation esthétique à travers les modalités sensorielles. Neuroimage 58(1):250–258.

Bohm, D. (1969). Quelques remarques sur la notion d'ordre. Pouce. Waddington (Ed.), "Vers une biologie théorique. II", Aldine Pub. Co, Chicago, pp. 18-58.

Castro D.C. and Berridge K.C. (2014). Point chaud hédonique opioïde dans la coquille du noyau accumbens: Cartes Mu, Delta et Dappa pour améliorer le "goût" et le "désir" de douceur. J Neurosci.; 34:4239– 4250. [PubMed: 4647944]

Cavanagh, P. (1978). Invariance de taille et de position dans le système visuel. "Perception", 7, 167 -177.

Cela-Conde C.J., et al. (2018) Activation du cortex préfrontal dans la perception esthétique visuelle humaine. Proc NatCela-Conde l Acad Sci USA 101(16):6321–6325.

Chatterjee A., Vartanian, O. Ann (2016). Neurosciences de l'esthétique. N Y Acad Sci.,1369(1):172-94. doi: 10.1111/nyas.13035. Epub 2016 Apr 1.PMID: 27037898

Cooper, J. M. and Hutchinson, D.S., eds. (1997). Plato: Œuvres complètes. Éditions Hackett.

Daniel, P.M., and Whitteridge, D. (1961). La représentation du champ visuel sur le cortex cérébral chez le singe. J. Physiologie, 159, 203 -221.

Davis, R.C. (1936). Une évaluation et un test de la mesure et de la formule esthétiques de Birkhoff. J. Gen. Psychol., 15: 231-240.

Efron, E. (1967). La durée du présent. Annales de l'Académie des sciences de New York, 138,713-729.

Efron, R. (1970a). La relation entre la durée d'un stimulus et la durée d'une perception. Neuropsychologie, 8, 37-55. (a)

Efron, R. (1970b). La durée minimale d'une perception. Neuropsychologie, 1970,8, 57-63. (b) Eysenc, H.J. (1941). La détermination empirique d'une formule esthétique. Psycho. Rev; 31, 83 -92.

Eysenc, H.J. (1942). L'étude expérimentale de la "bonne Gestalt" - Une nouvelle approche. Psych. Revoir, 49, 344 -364.

Fox, P.T. (2005). Le cerveau humain est intrinsèquement organisé en réseaux fonctionnels dynamiques et anticorrélés. Proc. Natl Acad. Sci. USA 102, 9673–9678.

Ghyka, M. (1977). "La géométrie de l'art et de la vie", New York: Dover Publications.

Hebb, D. O. (1940). "Comportement humain après une ablation bilatérale étendue des lobes frontaux". Archives de Neurologie et Psychiatrie 44 (2): 421–438. doi:10.1001/archneurpsyc.1940.02280080181011

Honrubia, V. and Ward, P.H. (1968). Distribution longitudinale de la microphonie cochléaire à l'intérieur du canal cochléaire (Cochon d'Inde). J. Acoust. Soc. Am., 44, 951 -958.

Hofstader, D.R. (1980). "Godel, Escher, Bach : Une tresse d'or éternelle", Basic Books, New York.

Hubel, D.H., and Wiesel, T.N. (1962). Champs récepteurs, interaction binoculaire et architecture fonctionnelle dans le cortex visuel du chat. J. Physiologie, 160, 106 -154.

Hubel, D.H.,and Wiesel, T.N. (1974). Régularité de séquence et géométrie des colonnes d'orientation dans le cortex strié du singe. J. Neurologie comparée, 158, 267 -293.

Hubel, D.H. and Livingstone, M. (1981). Les régions de mauvais réglage de l'orientation coïncident avec des taches de coloration de la cytochrome oxydase dans le cortex strié du singe. Résumés de neurosciences, 7, 357.

Huntley, H.E. (1970). "La proportion divine", New York: Dover Publications.

Jacobsen T., Schubotz RI, Höfel L, and Cramon, D.Y. (2006). Corrélats cérébraux du jugement esthétique de la beauté. Neuroimage 29(1):276–285.

John, E.R. (2005). Des décharges neuronales synchrones à la conscience subjective ? Progrès de la recherche sur le cerveau, Vol. 150: 143-171.

Kaplan S (1987) Esthétique, affect et cognition. Environ Behav 19:3–32.

Kawabata, H., and Zeki, S. (2004). Corrélats neuronaux de la beauté, Journal of Neurophysiology 9: 1699– 1705.

Lacey S, et al. (2011) L'art pour la récompense : l'art visuel recrute le striatum ventral. Neuroimage 55(1):420–433.

Lee U, Mashour GA, Kim S, Noh GJ, Choi BM. (2009). L'induction du propofol réduit la capacité d'intégration de l'information neuronale : implications pour le mécanisme de conscience et l'anesthésie générale. Cognition consciente. 18(1):56–64. PMID 19054696 doi:10.1016/j.concog.2008.10.005

Mandelbrot, B.B. (1982). La géométrie fractale de la nature. W.H. Freeman, San Francisco.

Merzenich, M.M., Knight, P.L., and Roth, G.L. (1975). Représentation de la cochlée au sein du cortex auditif primaire du chat. J. Neurophysiologie, 231 -249.

Merzenich, M.M., Kaas, J.H. and Roth, G.L. (1976). Cortex auditif chez l'écureuil gris ; Organisation tonotopique et champs architectoniques. J. Neurologie comparée, 166, 387 -402.

Merzenich, M.M. and Brugger, J.F. (1973). Représentation de la cloison cochléaire sur le plan temporal supérieur du singe macaque. Recherche sur le cerveau, 50, 275 -296.

Miller, G.A. (1956). Le chiffre magique sept, plus ou moins deux : quelques limites à notre capacité de traitement de l'information. Psycholique. Tour.,63, 81 -97.

Mountcastle, V. (1957). Modalité et propriétés topographiques des neurones uniques du cortex sensoriel somatique du chat. J. Neurophysiologie, 20, 408 -434.

Munar E, et al. (2012) Implication du cortex orbitofrontal latéral dans la formation initiale de l'impression esthétique négative. PLoS UN 7(6):e38152.

Nadal, M., Munar E., Capó M.A., Rosselló J., Cela-Conde C.J. (2008) Towards a framework for the study of the neural correlates of aesthetic preference. Spat Vis 21(3–5):379–396.

Nadal M. and Chatterjee A. (2019). Neuroesthétique et diversité et universalité de l'art. Wiley Interdiscip Rev Cogn Sci., 10(3):e1487. doi: 10.1002/wcs.1487. Epub 2018 Nov 28.PMID: 30485700

Penrose, R. (2005) "La route vers la réalité : un guide complet des lois de l'univers", Oxford Univ. presse.

Phillips F, Norman JF, Beers AM. Fechner's l'esthétique revisitée (2010). Voir Percevoir. 23(3):263-71. doi:

10.1163/187847510X516412.PMID: 20819476 Piaget, J. (1975). Biologie et Connaissance. Chicago: Presses de l'Université de Chicago (2e édition).

Pletzer, B., Kerschbaum, H., and Klimesch, W. (2010). Quand les fréquences ne se synchronisent jamais: le juste milieu et l'EEG de repos. Recherche sur le cerveau, 1335: 91-102.

Poggio, G.F. and Fischer, B. (1977). Interaction binoculaire et sensibilité à la profondeur dans le cortex strié et pré-strié du singe rhésus comportemental. J. de neurophysiologie, 40, 1392 -1405.

Polyak, S. (1941). "La rétine, Chicago": Presses de l'Université de Chicago. Rabinovich. M.I., Afraimovich, V.S. Christian, B. and Varona, P. (2012). Dynamique du flux d'informations dans le cerveau, Physics of Life Reviews 9: 51–73.

Raichle ME, et al. (2001) Un mode de fonctionnement du cerveau par défaut. Proc Natl Acad Sci USA 98(2):676–682.

Rashevsky, N. (1938). Contribution à la biophysique mathématique de la perception visuelle avec une référence particulière à la théorie des valeurs esthétiques des motifs géométriques. Psychometrika, 3, 253 -271

Romani, G.L., Williamson, S.J. and Kaufman, L. (1982). Organisation tonotopique du cortex auditif humain. Science, 216, 1339 -1340.

Salimpoor, V.N, van den Bosch,I., Kovacevic,N., McIntosh, A.R., Dagher,A. and Zatorre, R.J. (2013). Les interactions entre le noyau Accumbens et les cortex auditifs prédisent la valeur de la récompense musicale. Science, 340: 216-219 DOI: 10.1126/ science.1231059 2013

Schwartz, E.L., (1977a). Cartographie spatiale dans la projection sensorielle des primates et pertinence pour la perception, Cybernétique Biologique, 25, 181 -194.

Schwartz, E.L. (1977b). Géométrie afférente dans le cortex visuel des primates et génération de caractéristiques de déclenchement neuronal, cybernétique biologique, 69, 655 -683.

Schwartz, E.L. (1980). Anatomie computationnelle et architecture fonctionnelle du cortex strié : une approche de cartographie spatiale du codage perceptuel, Recherche sur la vision, 20, 645 -669.

Schwartz, E.L. (1984). Cartographie spatiale et vision spatiale dans le cortex strié et inféro-temporel des primates, In: L. Spillman and B. Wooten (EDs), Expérience Sensorielle, Adaptation et Perception: A Festchrift for Ivo Kohler, Erlbaum Assoc., Hillsdale, N.J., pp. 73 -104.

Schwartz, E.L. (1985). Sur la structure mathématique de la cartographie visuotopique du cortex strié du Macaque. Science, 227, 1065 -1066.

Shannon, C.E. and Weaver, W. (1949). "La théorie mathématique de la communication", Chicago Univ. Presse, Urbana, Ill., 1949.

Somjen, G. (1972). "Codage sensoriel dans le système nerveux des mammifères", New York: Appleton-Century-Crofts.

Strykker, M., Hubel, D.H. and Wiesel, T.N. (1977). Ann. Société de réunion pour les neurosciences, Résumé No. 1852.

Svensson, L.T. (1977). Remarque sur le nombre d'or. Scand. J. Psychol., 18, 79 -80.

Talbot, S.A., and Marshall, W.H. (1941). Etudes physiologiques sur les mécanismes neuronaux de localisation visuelle et de discrimination. Amer. J. Ophthal., 24, 1255 -1263.

Thatcher, R.W. and John, E.R. (1977). "Neurosciences fonctionnelles, Vol I. : Fondements des processus cognitifs", L. Erlbaum Assoc., N.J.

Thatcher, R.W. (1977). Sur la représentation neuronale de l'expérience et du temps. Dans : G. Haydu (Ed.), Experience Forms: Their Cultural and Individual Place and Function, Mouton Press, Amsterdam.

Thatcher, R.W. (1997). Cohérence neuronale et contenu de la conscience. Conscience et cognition, 6: 42-49.

Thatcher, R.W., North, D., and Biver, C. (2008). Réinitialisation de phase d'intelligence et d'EEG : un modèle à deux compartiments de déphasage et de verrouillage, NeuroImage, 42(4): 1639-1653.

Thatcher, R.W., North, D., and Biver, C. (2009). Criticité auto-organisée et développement de la réinitialisation de la phase EEG. Carte du cerveau humain., 30(2): 553-574.

Thatcher, R.W. (2016). "Manuel d'électroencéphalographie et de biofeedback EEG". Anipublishing, St. Petersburg, Fl.

Thatcher, R.W., Palmero-Soler, E., North, D., and Biver, C. (2016). Mesures d'intelligence et EEG du flux d'informations : efficacité et neuroplasticité homéostatique. Sci. Rep. 6, 38890; doi: 10.1038/srep38890

Thompson, D'Arcy. (1961). "Sur la croissance et la forme", Cambridge: University Press.

Tootle, R.B., Silverman, M.S., Switkes and De Valois, R.L. (1982). Analyse au désoxyglucose de l'organisation rétinotopique dans le cortex strié des primates. Science, 218, 902 -904.

Trentini, B. (2016). "Esthétique philosophique et neuroesthétique: un avenir commun?", Esthétique et neurosciences, Zoï Kapoula and Marie Vernet (Eds), Springer, chapt. 7.

Tsukiura, T. and Cabeza, R. (2011) Activité cérébrale partagée pour les jugements esthétiques et moraux : implications pour le stéréotype Beauty-is-Good. Soc Cogn Affect Neurosci 6(1):138–148.

Turner, F., & Pöppel, E. (1988). Poésie mesurée, le cerveau et le temps. In I. Rentschler, B. Herzberger, & D. Epstein (Eds.), La beauté et le cerveau : aspects biologiques de l'esthétique (pp. 71–90). Basel: Birkhäuser Verlag.

Vedder, A., Smigielski, L., Gutyrchik, E., Bao, Y., Blautzik, J., Pöppel, E., . . . Russell, E. (2015). Corrélats neurofonctionnels de la cognition environnementale : une étude IRMf avec des images de la mémoire épisodique. PLoS UN, 10(4), e0122470. doi:10.1371/ journal.pone.0122470

Von Bekesy, G. (1960). "Expériences en matière d'audition", McGraw-Hill, New York, 1960.

Weiman, C.F. and Chaiken, G. (1979). Grilles spirales logarithmiques pour le traitement et l'affichage d'images. Graphiques comparatifs et traitement d'images, 11, 197 -226.

Werner, G., and Whitsel, B.C. (1973). Organisation fonctionnelle du cortex somatosensoriel. Dans : R. Iggo (Ed.), Manuel de physiologie sensorielle Vol. II, pp. 621-700, Berlin-Heidelberg-New York: Springer.

Werner, G. and Whitsel, B.C. (1968). Topologie de la représentation corporelle dans l'aire somatosensorielle S-I des primates. J. Neurophysiologie, 31, 856-869.

Wiener, N. (1948). Cybernétique, Cambridge Univ. Presse, New York.

Woolsey, C.N., Marshall, W.H. and Bard, P. (1942). Représentation de la sensibilité tactile cutanée dans le cortex cérébral du singe telle qu'indiquée par les potentiels évoqués. Taureau. Johns Hopkins Hosp., 70, 399 -441.

Varela F, Lachaux J-P, Rodriguez, E., Martinerie, J. (2001) Le brainweb : synchronisation de phases et intégration à grande échelle. Nat Rev Neurosci 2(4):229–239.

Vartanian, O and Goel, V. (2004) Corrélats neuroanatomiques de la préférence esthétique pour les peintures. Neurorapport 15(5):893–897.

Vessel, E.A., Starr, G.G., Rubin N (2012) Le cerveau sur l'art : une expérience esthétique intense active le réseau en mode par défaut. Neurosci à bourdonnement avant 6:66.

Zaidel, D.W. and Nadal, M. (2011) Intersections cérébrales de l'esthétique et de la morale : perspectives de la biologie, des neurosciences et de l'évolution. Perspect Biol Med 54(3):367–380.

INDICE

www.ingramcontent.com/pod-product-compliance
Lightning Source LLC
Chambersburg PA
CBHW060235030426
42335CB00014B/1464